これでわかる 基礎有機化学

畔田博文　樋口弘行　川淵浩之　高木幸治

三共出版

はじめに

　私たちの身の周りにはたくさんの有機化合物（有機化合物とは炭素原子と水素原子を中心に構成される化合物を総称して有機化合物という；第1章参照）であふれています。有機化合物なくして私たちの今日の生活は成り立たないと言っても過言ではないでしょう。

　一番身近なところにある有機化合物は人体です。人体について少し考えてみると，体重の約55%が水分であり，約40%が有機化合物です。このように人体には多くの有機化合物が存在するわけですが，これらの有機化合物は皮膚や頭髪など形あるものばかりではなく，生命活動をつかさどる化学反応に供しているものも多く存在します。生体内の化学反応の仕組みを学ぶにはまず，有機化合物の化学，つまり有機化学を学ばねばならないということになります。さらに，身近な有機化合物としてはプラスチックが思いうかびます。私たちの生活の中でプラスチックは構造材や接着剤として当たり前のように使われています。プラスチックもまた炭素原子と水素原子を中心として構成される巨大分子であり，これも有機化合物の一種です。これは石油を原料に有機反応によってつくり出される有機化合物をもとに重合反応と呼ばれる反応によって巨大分子化することにより合成されます。この原料合成やプラスチック合成もまた有機化学を基礎とするものであり，有機化学を学ばずして理解することはできません。このように，私たちを取り巻く環境には多くの有機化合物が存在し，有機化学は化学を学ぶ者として必ず学ばねばならない必須の学問といっても言い過ぎではないでしょう。ここまでのところで有機化学を学ぶことの重要性について理解してもらえたでしょうか。

　本書は，初心者を対象とし，有機化学を学ぶ学生諸氏ならびに教育に携わる先生方が利用しやすいよう気を配り，有機化合物の構成要素から各化合物の反応性までを内容が重複しないよう心がけ簡潔にわかりやすく，系統的に学べるように解説しました。本書の特徴を以下にいくつかあげておきますのでこれらについて意識しながら学んでもらえればと思います。①　関連する反応を1つにまとめ，公式的に学べるようにしました。②　命名法を1つの章にまとめ，さまざまな骨格を含む化合物の名称と構造が理解できるように，なるべく早い段階の章にとりあげました。③　簡素にまとめ少ないページ数で多くの情報を盛り込んだ講義ノート風に内容をまとめました。④　内容が前後することや重複をなるべく避け，学ぶ者が混乱しないように配慮しました。⑤　最終章に各章を総括し，有機合成という見方でまとめ，合

成反応に対する考え方を交え，復習ができるように配慮しました。⑥　章末問題ならびにそのすべての解説を入れ，学ぶ者が自分の理解度を点検できるようにしました。以上の様な点が本書の特徴です。

　前述しましたように，本書が有機化学を学ぶ学生諸氏ならびに有機化学に携わる先生方，双方のお役に立つことを著者一同切に望んでおります。本書に関しまして御意見・ご質問がございましたら著者までお寄せ下さい。

　最後に，本書をまとめるにあたり，参考にさせて頂いた書の各著者に感謝致します。また，本書をまとめるに当たりご助言頂きました富山工業高等専門学校　工藤節子教授ならびに三共出版株式会社　秀島　功氏に心からお礼申し上げます。

平成18年2月

著者を代表して

畔田　博文

目 次

1 有機化合物と化学結合
- 1.1 有機化合物と無機化合物 ……………………………………… 1
- 1.2 価電子と共有結合 ………………………………………………… 2
- 1.3 共有結合の分極と水素結合 …………………………………… 4
- 1.4 形式電荷 …………………………………………………………… 5
- 1.5 結合の開裂と形成 ………………………………………………… 6
- 1.6 酸と塩基 …………………………………………………………… 7
- 章末問題 …………………………………………………………… 8

2 有機化合物の表現法とアルカン
- 2.1 有機化合物の表現法 …………………………………………… 10
- 2.2 アルカンの名称と性質 ………………………………………… 12
- 2.3 アルカンの反応 ………………………………………………… 14
  - 2.3.1 アルカンの酸化反応 ……………………………………… 14
  - 2.3.2 アルカンのハロゲン化反応 ……………………………… 14
- 2.4 アルカンの立体構造 …………………………………………… 15
  - 2.4.1 sp^3 混成軌道と正四面体構造 ………………………… 16
  - 2.4.2 立体配座と配座異性体 …………………………………… 17
  - 2.4.3 シクロアルカンの立体構造と異性体 ………………… 18
- コラム 1 ナポレオンは兵隊さん思いだった!? ………………… 20
- 章末問題 …………………………………………………………… 21

3 有機化合物の分類と IUPAC 命名法
- 3.1 官能基による化合物の分類 …………………………………… 23
- 3.2 慣用名と IUPAC 命名法 ………………………………………… 25
  - 3.2.1 アルカンの命名 …………………………………………… 26
  - 3.2.2 アルケン,アルキンの命名 ……………………………… 28
  - 3.2.3 芳香族化合物の命名 ……………………………………… 30
  - 3.2.4 アルコールの命名 ………………………………………… 31
  - 3.2.5 ケトン・アルデヒドの命名 ……………………………… 32

  3.2.6 カルボン酸の命名 ··· 33
  3.2.7 エステルの命名 ··· 34
  3.2.8 アミドの命名 ·· 34
  3.2.9 酸無水物の命名 ··· 34
  3.2.10 酸ハロゲン化物 ·· 35
  3.2.11 エーテルの命名 ·· 35
  3.2.12 アミンの命名 ··· 35
  3.2.13 汎用な有機化合物の慣用名 ··································· 36
 3.3 有機化合物の反応と性質の概要 ·· 36
  3.3.1 アルカン ·· 37
  3.3.2 アルケン ·· 38
  3.3.3 アルキン ·· 38
  3.3.4 アルコール ··· 38
  3.3.5 エーテル ·· 39
  3.3.6 アルデヒド ··· 39
  3.3.7 ケトン ··· 40
  3.3.8 カルボン酸 ··· 40
  3.3.9 エステルと油脂 ··· 40
  3.3.10 芳香族炭化水素 ·· 41
  3.3.11 アミンとアミド ·· 42
 章末問題 ··· 42

4　アルケンとアルキンの化学

 4.1 アルケンとアルキンの混成軌道と立体構造 ·························· 44
 4.2 アルケンの反応 ·· 47
  4.2.1 求電子付加反応 ··· 47
  4.2.2 ラジカル付加反応　〜ラジカル反応による臭化水素の付加〜 ········ 53
  4.2.3 アルケンの酸化反応と還元反応 ······························ 53
 4.3 アルキンの反応 ·· 55
  4.3.1 付加反応 ·· 55
  4.3.2 アセチリドアニオン ·· 56
 4.4 共役ジエン，ポリエンの反応 ··· 57
 章末問題 ··· 59

5　芳香族化合物の化学

 5.1 芳香族化合物とヒュッケル則 ··· 62

5.2　芳香族化合物と求電子置換反応 ・・・・・・・・・・・・・・・・・・・・・・・・・・・・・・・・・・・・・・・ 63
　　　　5.2.1　求電子置換反応 ・・ 63
　　　　5.2.2　置換基の求電子置換反応への影響 ・・・・・・・・・・・・・・・・・・・・・・・・・・・ 65
　　5.3　アルキルベンゼンの反応 ・・ 69
　　　　コラム 2　芳香族化合物のさまざまな顔 ・・・・・・・・・・・・・・・・・・・・・・・・・・・・・・ 70
　　　　章末問題 ・・ 72

6　立体化学

　　6.1　異性体の種類 ・・・ 74
　　6.2　不斉炭素と鏡像異性体 ・・ 75
　　6.3　不斉炭素の表示方法 ・・ 76
　　6.4　鏡像異性体とジアステレオ異性体 ・・・・・・・・・・・・・・・・・・・・・・・・・・・・・・・・・・ 77
　　　　コラム 3　鏡像異性体あれこれ ・・・・・・・・・・・・・・・・・・・・・・・・・・・・・・・・・・・・・・・ 79
　　　　章末問題 ・・ 81

7　有機ハロゲン化合物の化学

　　7.1　求核置換反応 ・・・ 83
　　　　7.1.1　S_N1反応とS_N2反応 ・・ 84
　　　　7.1.2　求核試薬の求核性と脱離基の脱離能 ・・・・・・・・・・・・・・・・・・・・・・・・・・ 86
　　　　7.1.3　S_N1反応とS_N2反応の立体化学 ・・・・・・・・・・・・・・・・・・・・・・・・・・・・・ 87
　　7.2　脱離反応 ・・・ 88
　　　　7.2.1　E1反応とE2反応 ・・ 89
　　7.3　競争反応 ・・・ 90
　　7.4　有機金属試薬の調製 ・・ 91
　　　　章末問題 ・・ 92

8　アルコールの化学

　　8.1　酸としてのアルコールとウィリアムソンのエーテル合成 ・・・・・・・・・・・・・・ 94
　　8.2　塩基としてのアルコールと置換，脱離反応 ・・・・・・・・・・・・・・・・・・・・・・・・・・ 95
　　8.3　アルコールの酸化反応 ・・ 97
　　　　章末問題 ・・ 98

9　エーテルの化学

　　9.1　エーテルの酸化反応 ・・ 100
　　9.2　エーテル結合の開裂反応　～置換反応～ ・・・・・・・・・・・・・・・・・・・・・・・・・・ 100
　　9.3　エポキシドの合成 ・・ 101

　　　　章末問題 ……………………………………………………………… 102

10　アルデヒドとケトンの化学
　10.1　カルボニル基の分極構造と求核付加反応 ……………………… 101
　10.2　α-プロトンの酸性度とエノラートイオンの反応 ……………… 109
　10.3　アルデヒド，ケトンの酸化反応と還元反応 …………………… 111
　　　　章末問題 ……………………………………………………………… 112

11　カルボン酸の化学
　11.1　カルボン酸の酸性度 ……………………………………………… 114
　11.2　カルボン酸の求核アシル置換反応 ……………………………… 115
　　　　コラム 4　生体と光学活性化合物 ………………………………… 117
　　　　章末問題 ……………………………………………………………… 118

12　カルボン酸誘導体の化学
　12.1　カルボン酸誘導体の求核アシル置換反応 ……………………… 120
　12.2　エステルの縮合反応 ……………………………………………… 123
　　　　章末問題 ……………………………………………………………… 125

13　アミンの化学
　13.1　アミンの塩基性 …………………………………………………… 127
　13.2　アミンのアルキル化反応 ………………………………………… 128
　13.3　他の官能基への変換 ……………………………………………… 129
　13.4　アミンの合成反応 ………………………………………………… 130
　　　　章末問題 ……………………………………………………………… 131

14　各種化合物の合成反応
　14.1　アルケン類 ………………………………………………………… 133
　14.2　アルキン類 ………………………………………………………… 134
　14.3　芳香族化合物 ……………………………………………………… 134
　14.4　有機ハロゲン化合物 ……………………………………………… 134
　14.5　アルコール化合物 ………………………………………………… 135
　14.6　エーテルとエポキシド化合物 …………………………………… 136
　14.7　アルデヒドとケトン化合物 ……………………………………… 136
　14.8　カルボン酸化合物 ………………………………………………… 137
　14.9　カルボン酸誘導化合物 …………………………………………… 137

14.10　アミン化合物………………………………………………… 138
　　　コラム 5　ノーベル賞 …………………………………………… 138
　　　章末問題 ………………………………………………………… 139

章末問題の解答と解説……………………………………………………… 135
索　　引……………………………………………………………………… 169

1 有機化合物と化学結合

電子は原子と原子をどのようにして結びつけ，有機分子を誕生させるのであろうか。誕生した有機分子は，なぜ水に溶けにくかったり溶けやすかったり，酸性やアルカリ性を示すのだろうか。それを知る鍵は，有機分子を構成する化学結合にある。まず，有機分子をつくり上げる結合の本質について学ぼう。

1.1 有機化合物と無機化合物

私たちの身の周りには多くの物質が存在する。物質を大きく大別すると炭素原子と水素原子を中心に構成される有機化合物（organic compounds）とそれ以外の無機化合物（inorganic compounds）に大別される。

私たちのとる食事を例に少し説明したい。食物の中には糖，脂質，アミノ酸の三大栄養素，水，塩化ナトリウム（食塩），金属分などが含まれていることは承知のことだろう。

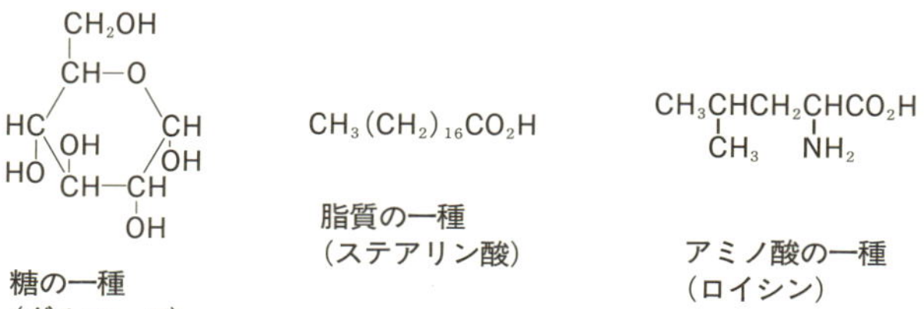

糖の一種
（グルコース）

脂質の一種
（ステアリン酸）
$CH_3(CH_2)_{16}CO_2H$

アミノ酸の一種
（ロイシン）
$CH_3CHCH_2CHCO_2H$
　　　CH_3　　NH_2

NaCl（塩化ナトリウム）　　H_2O（水）

これらの構成元素に注目してみると，糖，脂質，アミノ酸は炭素原子と水素原子を中心に構成されているので有機化合物であり，塩化ナトリウムや水はそれ以外の原子を中心に構成されているので無機化合物である。ここでは数例のみを示したが，実際に私たちの身の周りには多くの有機化合物が存在し，工業的，生物学的に欠かすことができない。有機化合物に関

する知識を身につけることは化学を学ぶものとしては重要である。この後、有機化合物について詳しく見ていくことにしたい。

1.2 価電子と共有結合

一般化学で、周期律表と電子との関係について簡単に学んだことだろう。有機化合物の結合を考えるために必要な項目についてさらに詳しく見ておきたい。原子は陽子、中性子ならびに電子から構成され、電気的に中性な状態において電子は陽子と等しい数だけ存在する。この電子は無秩序に存在するのではなく、軌道上に存在する（図1.1）。太陽と惑星の関係をイメージすれば理解しやすいだろう。

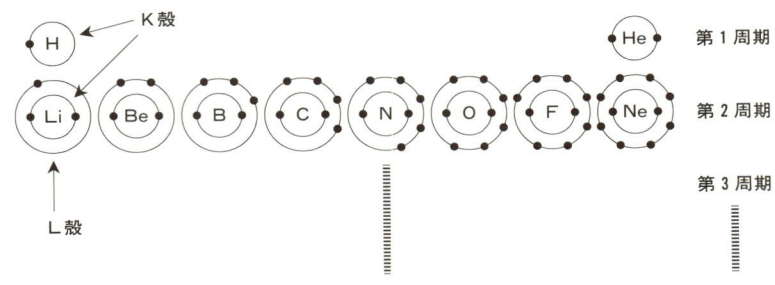

図1.1 周期律表第1周期および第2周期元素の電子構造

電子が存在する確率が高い空間はいくつかの層になっており、この層を電子殻（electron shell）という。電子殻は内側からK殻、L殻、M殻…と表現されており、周期律表の周期が増すにつれて軌道が増えるため、それぞれの殻に収まる電子の最大数は増える（表1.1）。

表1.1 周期律表第1周期から第3周期元素における殻と軌道と収容電子数の関係

周期	殻	K	L		M			各周期内の総電子数
	軌道	1s	2s	2p×3	3s	3p×3	3d×5	
1		2						2
2		2	2	6				10
3		2	2	6	2	6	10	28

結合に関与する電子は最も外側の殻に存在する電子（これを最外殻電子という）であり、これが結合を考える上で重要となる。有機化学に関与する元素はおもに典型元素（typical elements）であるので典型元素の最外殻軌道についてみてみよう。典型元素とはd軌道に電子を持たないか、すべてのd軌道が完全に電子で満たされた元素のことを指す［d軌道*に電子を有し、d軌道が完全に満たされていない元素を遷移元素（transition ele-

---

* s, p, d軌道：元々スペクトルの測定実験で用いられていた記号であり、sはsharp、pはprincipal、dはdiffuseの頭文字をとったもの。順に、それぞれ方位量子数 $l = 0, 1, 2$ に対応させて用いている。

ments）という］。典型元素において最も外側の殻にある電子が存在する軌道は s 軌道と p 軌道であるということになる。つまり，典型元素では最外殻に存在する電子数は最大 8 電子であり，最外殻が 8 電子で満たされると安定となる（オクテット則）。

軌道を箱で示すとつぎのようになる。

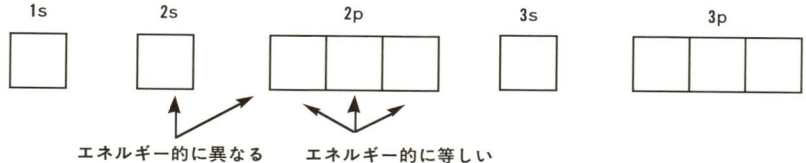

パウリの排他原理[*1]によると 1 個の箱に入ることができる電子の数は最大 2 個であり，必ずスピンの向きが逆の電子同士が対になって収容される。また，エネルギーの等しい軌道に複数の電子が入る場合，できる限りスピンの向きをそろえるように 1 個ずつ入る（フントの規則）[*2]。このことをもとにホウ素，炭素，フッ素の電子配置を箱形モデルで示すとつぎのようになる（図1.2）。

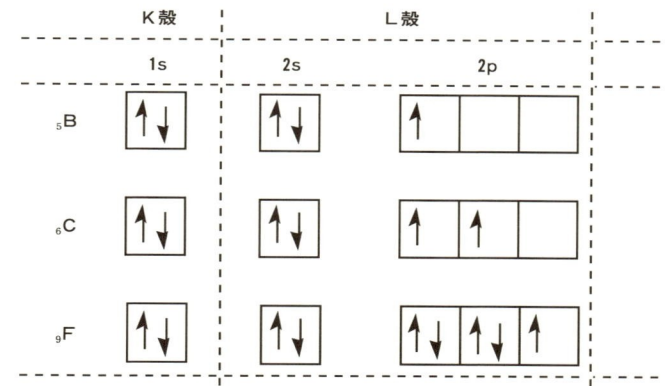

図1.2　パウリの排他原理とフントの規則に基づくホウ素，炭素，フッ素の電子配置

このように電子と軌道との関係を箱形モデルで示すことができるが，実際に結合に関与する電子は最も外側の殻に位置する軌道（最も高エネルギー準位にある軌道のこと）の電子，つまり価電子（valence electron）のみであり，内側の閉殻した軌道が結合に関与することはない。つまり，価電子のみを簡便に示すことができれば，結合を理解する上で便利である。G. N. Lewis[*3] は価電子を点で示し元素記号のまわりに配置する示し方を提唱した（ルイス構造；共有結合を理解しやすくするためにルイス構造はまず 1 個ずつの電子をそれぞれの四辺に配置し，その後，対を作るように配置していくとよい）。例として第 2 周期元素のルイス構造をつぎに示す

[*1] パウリの排他原理：電子のとりえる状態を 4 個の量子数で表わし，規定される 1 つの状態にはただ 1 個の電子しか存在しえないという原理。すなわち，すべての量子数が同一の状態を 2 個以上の電子が同時に占めることは禁じられるというものである。よって，同一軌道内の 2 個の電子は，スピン量子と呼ばれる量子数が互いに異なっている。1924年に，W. Pauli によって提出された。

[*2] フントの規則：原子スペクトル実験から経験的に得られた原子のエネルギー準位に関する 3 つの項目から成る法則であるが，分子のエネルギー準位についても成立する。要約すると，2 個の電子が同じエネルギー準位にある 2 つ以上の軌道に入り得るとき，スピンを同方向にして別々の軌道に入る（ビラジカル電子配置）ほうが，スピンを逆方向にするほかのどの電子配置よりも有利である。

[*3] G. N. Lewis：アメリカの物理化学者で，殻外電子を考慮した原子模型を提唱し，それに基づいて1916年に，八偶説，電子対結合の理論，ルイス酸などの概念を化学結合論に導入した。

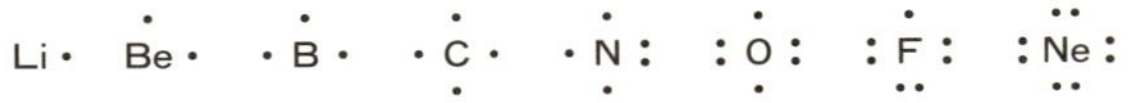

Li·　Be·　·B·　·C·　·N:　:O:　:F:　:Ne:

図1.3　周期律表第2周期元素のルイス構造

（図1.3）。

第2周期のルイス構造のみを示したが、他の周期においても同族の元素は同様の価電子を有する（第2周期のルイス構造だけ記憶しておくと良い）。ルイス構造をよく見てみると、対をなす電子と対をなさない電子が存在することに気がつくであろう。箱形モデルで示したように電子は対をなすように1個の軌道に収まる。対をなすことで軌道が満たされ安定化するためである。対をなしていない電子で対を作るためには、対をなしていない電子同士を共有すればよい。これにより新しくできた電子対のことを共有結合（covalent bond）という。いくつかの例を以下に示す。

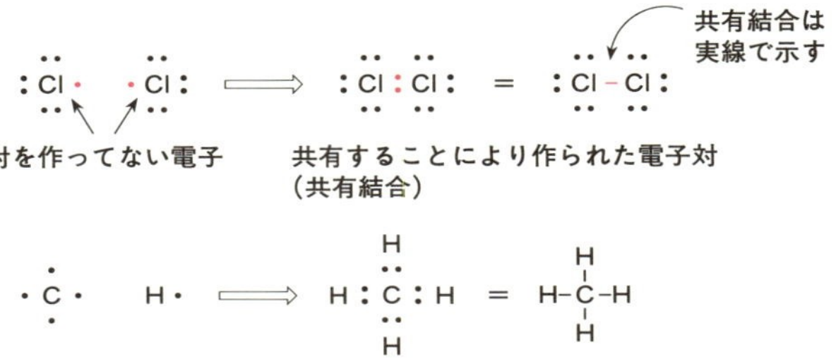

:Cl· ·Cl: ⟹ :Cl:Cl: = :Cl−Cl:　← 共有結合は実線で示す

対を作ってない電子　　共有することにより作られた電子対（共有結合）

·C·　H·　⟹　H:C:H　=　H−C−H
（上下にH）

つまり、各原子において共有結合は対をなしていない電子の数だけ作ることができる（共有結合は実線で表記；線結合式）。また、初めから対をなしている電子は分子構成のための共有結合には関与しない。この電子対のことを非共有電子対（nonbonding electrons）または孤立電子対（ローンペア：lone-pair electrons）という。この孤立電子対は共有結合形成時にあまり関与しないが、配位結合*1や水素結合*2など分子の性質に大きく関与する。

1.3　共有結合の分極と水素結合

前節では価電子と共有結合について学んだ。共有結合電子は電子を提供する原子同士の中央に位置するとは限らない。このことについて少し考えてみよう。考えられるケースを図に示すとつぎのようになる（図1.4）。

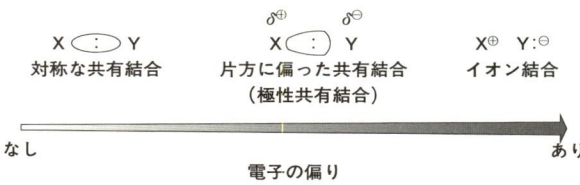

X :· Y　　　X$^{δ⊕}$:· Y$^{δ⊖}$　　　X$^⊕$　Y:$^⊖$
対称な共有結合　　片方に偏った共有結合　　イオン結合
　　　　　　　　　（極性共有結合）

なし　　　　　電子の偏り　　　　　あり

図1.4　共有電子対の偏りにより誘起されるイオン結合性

---

*1　配位結合：1本の結合にあずかる2個の原子価電子が、一方の原子のみから提供されている結合をいう。この結合は、通常の共有結合とが重なり合ったものとみなすことができるから、半極性結合と呼ばれることもある。

*2　水素結合：水素結合は同種の分子間のみでなく、異種の分子間、また分子内水素結合の例もあり、1モル当たり数kcalの結合エネルギーに見積もられる。

電子の偏り具合は電子を原子核に引きつけようとする力の差に起因している。この電子を引きつけようとする力のことを電気陰性度（electronegativity）といい，L. C. Pauling[*1]はこの電子を引きつける度合いをつぎのように数値で示した。これをポーリングの電気陰性度という（表1.2）。

電気陰性度は希ガス（18族）を除いて周期律表の右上に行くほど強くなる。このことはポーリングの電気陰性度を見てもらえば分かるであろう。

[*1] L. C. Pauling：アメリカの物理化学者で，物理化学，有機化学，分析化学，生化学など，多岐にわたる研究分野に功績を残した。特に，化学結合論，共鳴理論，混成軌道理論，化学結合のイオン性や電気陰性度の概念は，近代自然科学発展を広く根底から支える成果である。また，反核・反戦運動家としても著名で，ノーベル化学賞とともにノーベル平和賞を受賞した大化学者である。

表1.2　ポーリングの電気陰性度

H	2.1														
Li	1.0	Be	1.6	B	2.0	C	2.5	N	3.0	O	3.5			F	4.0
Na	0.9	Mg	1.2	Al	1.5	Si	1.8	P	2.1	S	2.5			Cl	3.0

水素原子と酸素原子が共有結合を作った場合，酸素原子の方が水素原子よりも電気陰性度がかなり大きいために共有結合電子は酸素原子側に大きく引きつけられることになる。これにより，水素原子は電子が不足した状態になり，酸素原子は電子豊富な状態になる。このように電子に偏りができ部分的な電荷分離が発生する状態を分極（polarization）といい，分極した構造を有する化合物を極性分子（polar molecules）という。電子の偏りは双極子モーメント（dipole moment）[*2]と呼ばれる矢印により示される。分極は水素原子と電気陰性度の大きな原子との間の共有結合で顕著に現れ，水素結合（hydrogen bond）を形成するときの原動力となる。水素結合は相反する電荷が静電的な力により引きつけられることにより形成される微弱な結合の一種である（図1.5）。

[*2] 双極子モーメント：結合の双極子モーメントは，正負の分極した電荷量に，正電荷・負電荷の重心間の距離を掛けた量で表わす。単位はD（10^{-18}esu）が用いられ，デバイと読む。

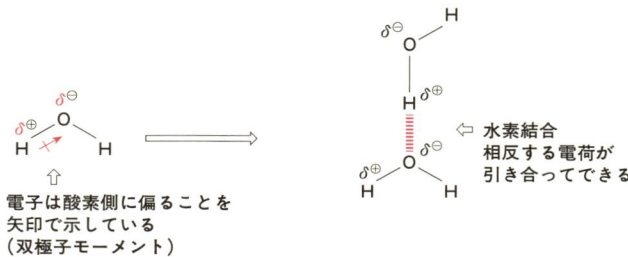

図1.5　部分的な電荷分離により結合の分極が起こり，分子間での静電引力を通して形成される水素結合

1.4　形式電荷

一般的に原子は陽子の数と等しい数の電子を持ち電気的に中性である。しかし，結合の形成や開裂によって電子の数は変動し，原子は電気的に陽性もしくは陰性となる。このときに発生する電荷を形式電荷（formal charge）という。ここでは形式電荷の求め方や表記の仕方について学ぶ。

1) 注目原子に帰属できる電子の数を数える。ローンペアはすべて帰属できる。共有結合は半分のみを注目原子に帰属する。
2) 注目原子がもともと有する価電子の数を考える。
3) 1) と2) を比較する。帰属できる電子数が価電子数よりも多い場合，電子を多く有することになるのでマイナスの電荷を有することになる。また，帰属できる電子数が不足している場合には電子が不足していることになるのでプラスの電荷を有することになる。

■ N原子に注目した場合

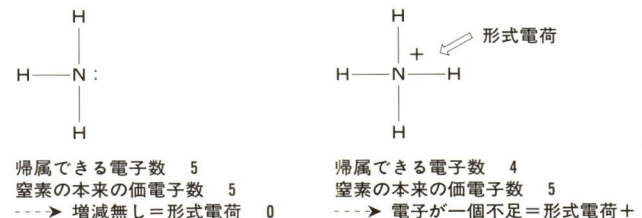

1.5 結合の開裂と形成

共有結合と電子との関係はおおよそ理解できただろうか。多くの有機反応を考える上で重要になるのは電子がどのように移動し，どの結合が開裂し，どの結合が新しく形成されるかである。つぎは電子の動きに注目し，共有結合の開裂と形成について考えてみよう。1本の共有結合は2個の電子を示している。結合が開裂する場合，この2個の電子が均等に分かれる開裂の仕方（均一開裂：homolytic cleavage またはホモリシス：homolysis）とどちらか一方へ移動することによる開裂（不均一開裂：heterolytic cleavage またはヘテロリシス：heterolysis）の二通りがある。これらの電子の動きを矢印で表記すれば理解がより容易になる。矢印に関する決まりはつぎの通りである。

⟶ 電子2個の動きを表現　　⟶ 電子1個の動きを表現

■ この矢印を用いてつぎの結合開裂を考えてみよう。

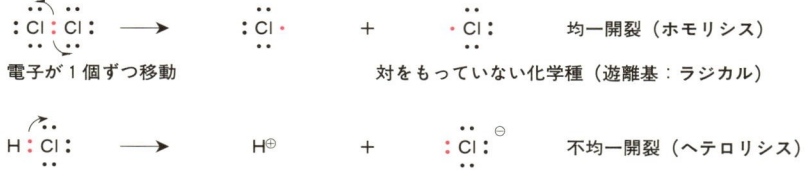

■ 結合の形成反応は開裂反応の逆を考えればよい。

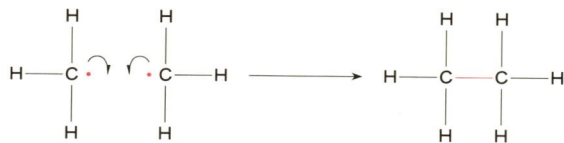

ラジカル同士のカップリングによる結合形成反応

陽イオンと陰イオン同士によるイオン的な結合形成反応

1.6　酸と塩基

　有機反応において酸 (acid) や塩基 (base) に属する化合物が多く用いられる。そこで，ここでは酸や塩基の定義について学びたいと思う（表1.3）。酸と塩基の定義について，まず初めに学ぶのはアレニウスの定義だろう。S. A. Arrhenius は「酸は水溶液中で電離してプロトン $H^⊕$ を生ずる物質であり，塩基は水中で電離して水酸化物イオン $OH^⊖$ を生ずる物質である」と定義した。しかし，この定義では水がないと酸と塩基は存在せず，さらに水酸化物イオンを含まないような物質は塩基として定義できないなど，定義の幅に問題がある。

　そこで，J. N. Brönsted と T. M. Lowry は「酸とはプロトンを放出する能力を有するもの，塩基とはプロトンを受け取る能力を有するもの」と定義した。この定義をブレンステッド・ローリーの酸・塩基の定義という。この定義はアレニウスの定義よりはかなり広範囲に適応できるが，プロトンを放出する能力が無い物質は酸としては定義されないことになる。そこで，G. N. Lewis は「酸はローンペアを受容する能力を有するもの，塩基とはローンペアを供与する能力を有するもの」というさらに広い定義を提唱した。酸と塩基に関する各定義を表1.3にまとめた。

表1.3　アレニウス，ブレンステッド・ローリー，ルイスの酸・塩基の定義

定義	酸	塩基
アレニウス	水溶液中で電離してプロトン $H^⊕$ を生ずる物質	水中で電離して水酸化物イオン $OH^⊖$ を生ずる物質
ブレンステッド・ローリー	プロトン $H^⊕$ を放出する能力を有するもの	プロトン $H^⊕$ を受け取る能力を有するもの
ルイス	ローンペアを受容する能力を有するもの	ローンペアを供与する能力を有するもの

■ アレニウスの酸・塩基の定義

酸　　　HCl　——————→　H⊕　+　Cl⊖
　　　　　　　水中でH⊕を放出

塩基　　NaOH　——————→　Na⊕　+　OH⊖
　　　　　　　水中でOH⊖を放出

■ ブレンステッド・ローリーの酸・塩基の定義

酸　　　プロトンH⊕を放出するもの
塩基　　プロトンH⊕を受け取るもの＝ローンペアをもっている

H–OH　+　NH$_3$　⇌　OH⊖　+　NH$_4^⊕$
　⇧　　　　⇧　　　　　⇧　　　　⇧
H⊕を放出　H⊕を受容　H⊕を受容　H⊕を放出　　⇦ こちらから見ると
（酸）　　（塩基）　（共役塩基）（共役酸）　　　　役割が逆転

■ ルイスの酸・塩基の定義

酸　　　ローンペアを受け取るもの＝空の軌道をもっている
塩基　　ローンペアを与えるもの＝ローンペアをもっている

↑3価のホウ素は空の軌道をもち，ローンペアを受け取ることができる（酸）　　↑2価の酸素はローンペアを与えることができる（塩基）

有機反応によく用いられるルイス酸：BF_3, $AlCl_3$, $FeCl_3$, $ZnCl_2$ など
有機反応によく用いられるルイス塩基：酸素，窒素，硫黄，リン各原子を含む有機化合物

まとめ

　結合形成の主役は電子であることを学んだ。それぞれの原子にそなわった電気陰性度に由来する結合の分極が，水素結合や酸性度をはじめとする分子特有の性質を生み出していることがわかった。つぎの章では，有機化合物の分子構造に関する表現方法を，アルカン類についてながめてみよう。

章末問題1

問1.1　例にならい，パウリの排他原理とフントの規則にしたがって，各原子やイオンの電子配置を示せ。

（例）Li：$(1s)^2(2s)^1$

(a) Ne　(b) Al　(c) O　(d) Be　(e) N　(f) Si　(g) Cl⊖　(h) Na⊕

問1.2 つぎの分子やイオンを線結合式で示せ。その際，ローンペアを点で示すこと。線結合式とは共有結合を線で示した構造式である。
(a) CH_3CH_3 (b) CH_3COCH_3 (c) NH_3 (d) $^{\oplus}NH_4$ (e) $HCCH$ (f) CO_2
(g) CH_3OH (h) CH_3CHCH_2

問1.3 各結合の分極状態について，以下の問いに答えよ。
(1) 結合の分極状態を矢印（双極子モーメント）で示せ。
    (a) H–C (b) Li–C (c) O–S (d) N–O (e) H–B (f) N–Cl
(2) つぎの結合群について，分極の程度が高くなる順に並べよ。
    Be–H, Li–F, C–P, H–S, C–Li, N–H, P–Cl, Al–O

問1.4 分子中の各原子の形式電荷について，以下の問いに答えよ。
(1) （ ）内の原子に着目して，それぞれの形式電荷を求めよ。
    (a) H_2O （HとO） (b) CH_3CH_3 （HとC） (c) BH_3 （HとB）
    (d) H_3N-BH_3 （NとB） (e) H_3N-BF_3 （NとBとF）
(2) $[CH_2NH_2]^{\oplus}$で示される陽イオンについて，Nの形式電荷が（＋1）になる構造をルイス構造式で示せ。

問1.5 各物質について，アレニウスの定義，ブレンステッド・ローリーの定義，ルイスの定義を当てはめ，それぞれの定義により分類できる場合，それが酸（A）であるか塩基（B）であるかを示せ。
(a) $^{\ominus}OH$ (b) HCl (c) $H^{\oplus}$ (d) $^{\oplus}NH_4$ (e) $B(OH)_3$ (f) $Na^{\oplus}$ (g) NH_3
(h) $Cl^{\ominus}$ (i) BF_3 (j) NH_4OH (k) H_2O (l) $Fe^{3\oplus}$ (m) $H_3O^{\oplus}$ (n) $NO_3^{\ominus}$

2

有機化合物の表現法とアルカン

　有機化学を学ぶ上でさまざまな約束ごとの1つに，分子構造に関する表現法がある。あらゆる有機化合物の基本となるアルカン化合物をとり上げ，基本名，性質，反応性，立体構造についてながめてみよう。そして，分子はもっとも安定な構造を保っている一方で，実際には，結合の周りでさまざまな運動をしていることを学ぼう。

2.1　有機化合物の表現法

　先の章では共有結合について学んだ。有機化合物は炭素原子と水素原子を中心に構成される分子であるので，炭素原子と水素原子の共有結合について考えてみたい。ルイス構造で炭素原子と水素原子を表現するとつぎのように表現される。

$$\text{H·} \quad \text{共有結合を1本形成} \qquad \text{·C·} \quad \text{共有結合を4本形成}$$

このルイス構造から分かるように，炭素原子は4本の共有結合を作り，水素原子は1本の共有結合を形成することができる。例えば，炭素原子1個と水素原子4個，炭素原子3個と水素原子8個からそれぞれつぎのような分子が構成される。

さらに多い場合も考えてみよう。炭素数が5個，水素原子の数が12個からなる分子はつぎのようになる（図2.1）。

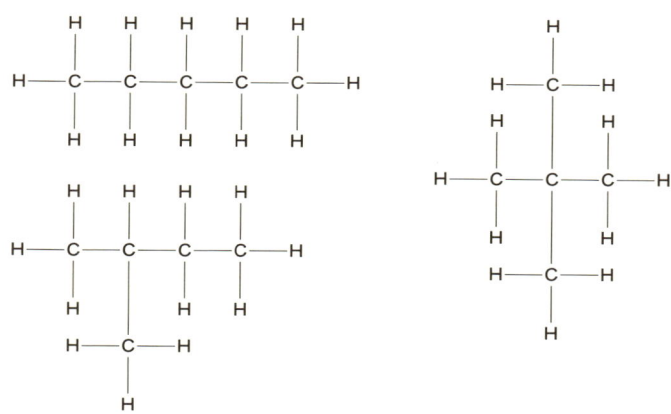

図2.1　炭素数5個から成るペンタンに存在する3種類の異性体

このように原子の数が増えてくると，同じ数の原子で構成される分子は一種類とは限らない。このように同じ原子の数で構成され，異なる構造や性質を有する分子どうしの関係を異性体（isomer）という。

分子を構成する炭素数が増えると，共有結合の数が増え，さらに異性体の数も増え，すべての分子を線結合式で表現することはかなり煩雑に感じられるだろう。そこで，有機分子の表現にはより簡便な表現法が用いられる。先に示した分子から共有結合を消すとつぎのようになる。このような表現の仕方を縮合構造式という。

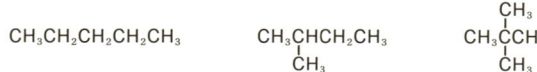

さらに，有機化合物を簡便に表現する方法もある。線結合式から原子記号と水素原子を消し，線のみで分子を表現するものである。この表現の仕方を骨格構造式という。

この表現の仕方についてもう少し簡単に説明しておこう。線と線の交点および末端には炭素原子の存在を意味し，それに結合している水素原子はすべて省略されている。ただし，酸素原子，窒素原子など炭素原子と水素原子以外の原子や原子団は省略できない。炭素と水素原子以外を含む原子の表現の一例をつぎに示す。

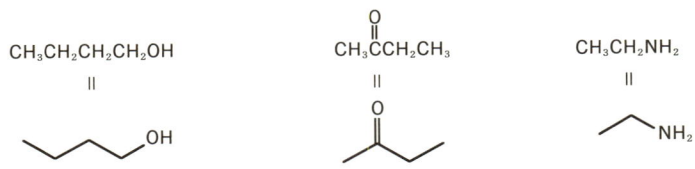

　この表現法は水素原子の数を常に頭の中で補うように考えなければいけないので，この表現法に慣れるまではとまどいもあるかもしれないが，この表現法は最も簡便な有機分子の表現法なので使いこなせるようになってもらいたい。本書では特別な理由がない限り有機化合物を縮合構造式，骨格構造式で表現することとする。

2.2　アルカンの名称と性質

　前節では有機化合物の表現法の例において炭素原子と水素原子のみからなる有機化合物を中心に例示した。このように炭素と水素原子のみからなる化合物を炭化水素（hydrocarbon）といい，この中でも特にC＝C（炭素-炭素二重結合）やC≡C（炭素-炭素三重結合）のような多重結合を含まない炭化水素を飽和炭化水素（saturated hydrocarbon）もしくはアルカン（alkane）という。鎖状のアルカンについては示性式 C_nH_{2n+2} であらわされ，環状のアルカンは C_nH_{2n} であらわされる。また，多重結合を含む炭化水素を不飽和炭化水素（unsaturated hydrocarbon）という。つぎに炭素数が10個までのアルカンを示す（表2.1）。

　アルカンは最も基本的な有機化合物であり，有機化合物の命名においてすべての有機化合物の基礎となるので，カタカナのみで名前を覚えるのでなく英単語で覚えてもらいたい。同じ炭素数で環状のアルカン（シクロアルカン；cycloalkane）は鎖状のアルカン名の前に cyclo（シクロ）をつける。例えば炭素数6（hexane）の六員環（6角形）アルカンはシクロヘキサン（cyclohexane）と命名する。命名の詳細についてはつぎの章で述べることとする。

表2.1　アルカン類の名称と沸点

		沸点℃			沸点℃
CH_4	methane（メタン）	−162	$CH_3(CH_2)_4CH_3$ hexane（ヘキサン）		69
CH_3CH_3	ethane（エタン）	−88.5	$CH_3(CH_2)_5CH_3$ heptane（ヘプタン）		98
$CH_3CH_2CH_3$	propane（プロパン）	−42	$CH_3(CH_2)_6CH_3$ octane（オクタン）		126
$CH_3(CH_2)_2CH_3$	butane（ブタン）	0	$CH_3(CH_2)_7CH_3$ nonane（ノナン）		151
$CH_3(CH_2)_3CH_3$	pentane（ペンタン）	36	$CH_3(CH_2)_8CH_3$ decane（デカン）		174

　つぎにアルカンの沸点（boiling point；bp）についてみてみよう。化合

物の沸点は分子量（molecular weight）および分子間に働く力（分子間力；intermolecular force）の強さに依存する。まず初めに分子量についてみてみると，分子量が大きくなるほど沸点が高くなる傾向にあることがわかると思う（表2.1）。つぎに分子間力による沸点の違いについてみてみよう。ペンタン（pentane）と2,2-ジメチルプロパン（2,2-dimethylpropane）は異性体どうしであり，分子量は同じであるがペンタンの方が高い沸点を有する。これは分子の並びやすさの違いによるものであり，分岐を持っていないペンタンは2,2-ジメチルプロパンよりも分子が並びやすく，分子間力が効率的に働く。このために2,2-ジメチルプロパンよりも沸点が高くなる。他の種類の化合物にも同様の傾向があるので記憶にとどめておいてもらいたい。

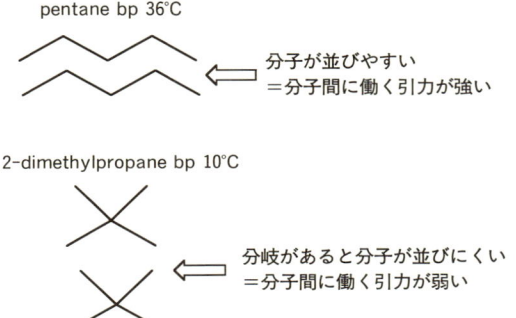

つぎに水との親和性について考えてみよう。例に示したペンタンは炭素原子と水素原子のみからなる分子である。炭素原子は水素原子との間に大きな電気陰性度の差がないため，さほど大きく分極した結合をもっていない。つまり，ペンタン（アルカン）は非極性分子としてみることができる。一方，水分子は酸素原子と水素原子との間に大きな電気陰性度の差があるためにかなり分極した結合をもっており極性分子に分類される。極性分子と非極性分子はお互いに反発するために混じり合うことはない。油が水に溶けないのはこのためである。

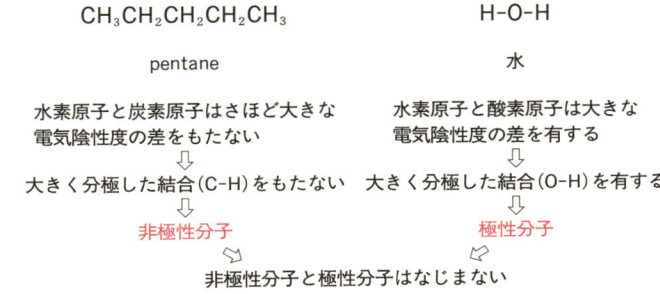

また，水と油を混ぜた場合，油が上に浮かぶのは油の密度が水よりも小

さいことによるものである。密度は構成元素以外に分子間力とも関係があり、分子間力が弱いと分子はコンパクトな集合体を形成しないので、密度が小さくなる一つの要因となる。

2.3 アルカンの反応

アルカンは反応性に乏しく、比較的安定な化合物である。アルカンはパラフィン（paraffin）と呼ばれ、この名前の語源はこの反応性の乏しさにある。アルカンが受ける主要な反応はつぎの2つの反応である。

2.3.1 アルカンの酸化反応

アルカンは古くからろう、灯油、ガソリン、プロパンガスなどの燃料として使われてきた。これはアルカンが燃焼反応（combustion reaction）（式2-1）を起こす際、熱や光などの大きなエネルギーを放出することを利用するものである。燃焼反応を起こすには酸素が不可欠であり、この反応は酸化反応（oxidation reaction）の一種とみなすことができる。アルカンは燃焼反応により、より安定な二酸化炭素と水に変わる。アルカンの燃焼反応により、大きなエネルギーが得られるのは、このように大変安定な化合物に生まれかわるためである。これらのことを反応式および反応座標（反応物質のエネルギー関係を図示したもの）として次に示す（図2.2）。燃焼反応を起こすためにはエネルギー障壁（活性化エネルギー；activation energy）を越えなければならないことが反応座標からわかる。燃焼に点火作業を要するのは活性化エネルギーを越えるためのエネルギーをアルカンに与えるためである。燃焼反応に限らず、すべての反応には活性化エネルギーが存在し、反応を進行させるためにはこのエネルギー障壁を越えなければならない。

$$C_nH_{2n+2} + (3n+1)/2O_2 \longrightarrow nCO_2 + (n+1)H_2O \qquad (2\text{-}1)$$

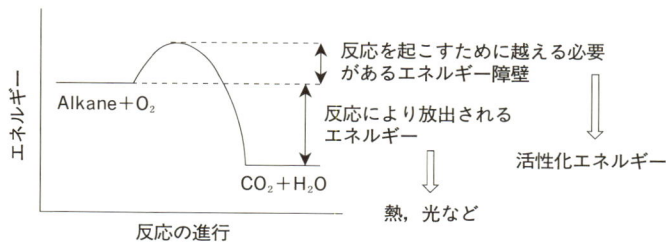

図2.2　アルカン類の燃焼反応におけるポテンシャルエネルギー変化の反応座標

2.3.2 アルカンのハロゲン化反応

ハロゲン化されたアルカン（ハロアルカン）は合成反応の中間体（synthetic intermediate) や溶媒 (solvent) として重要な物質のひとつである。ハロアルカンはアルカンを紫外線照射下，ハロゲンと反応させることにより合成される（式2-2）。その反応ならびに反応の起こり方（反応機構；reaction mechanism）をつぎに示す。

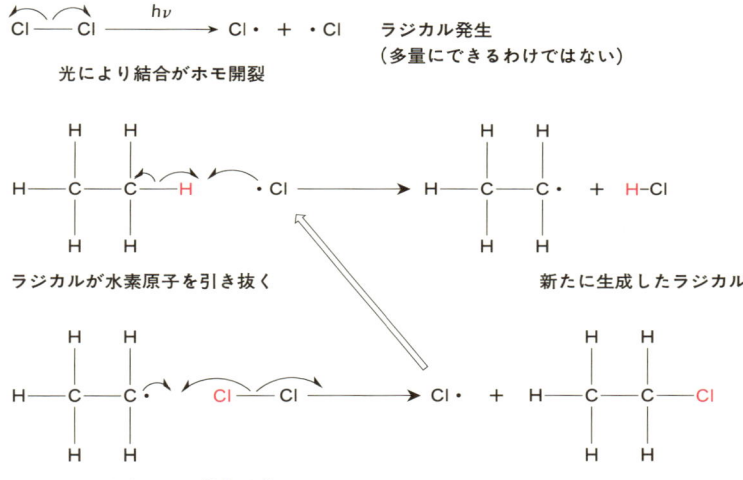

■ 反応機構

まず，塩素分子の結合が紫外線により均等に開裂し，塩素ラジカル (chloro radical) が生成する。この塩素ラジカルはアルカンの水素原子を引き抜き，アルカンのラジカル（アルキルラジカル）を生成する。生成したアルキルラジカルは塩素分子に作用し塩素原子と結合して生成物になると同時に，塩素ラジカルを再生する。再生した塩素ラジカルは再び反応に用いられる。このようにアルカンのハロゲン化反応 (halogenation reaction) はラジカル的な連鎖反応 (chain reaction) により進行する反応である。

2.4 アルカンの立体構造

先の節で有機化合物の表現法を学んだ。それらの表現法はすべて平面的に有機分子を表現するものであった。しかし，実際の有機分子は平面ではなく，三次元的な構造を持っている。ここではアルカンの三次元的な構造

について学ぶ。

2.4.1 sp³混成軌道と正四面体構造

もう一度，炭素原子の基底状態での最外殻の電子配置について見てみよう。基底状態では2s軌道に2個の電子が入り，2p軌道の2個の軌道に2個の電子が入っており，1個の2p軌道は空になっている。2s軌道と3個の2p軌道を組み合わせ，新たに軌道をつくるとともに，2s軌道の2個の電子のうち1個の電子を空いた軌道に振り分けると，4個の軌道すべてが半分満たされた状態となる。このようにs軌道と3個のp軌道が組み合わさってできる新しい4個の軌道のことを sp³混成軌道（sp³ hybrid orbital）という（図2.3）。

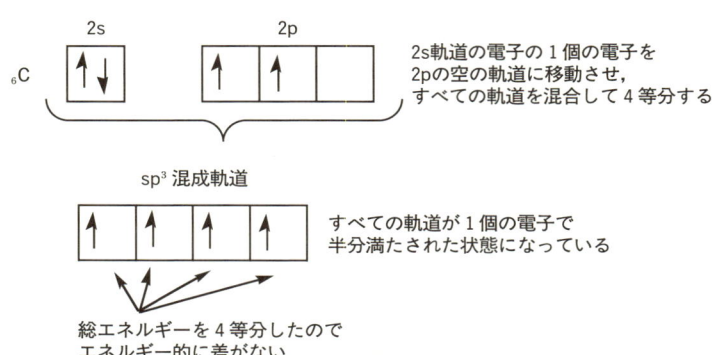

図2.3　sp³混成軌道の形成
2s軌道1個と2p軌道3個が混じり合ってできる4個のsp³混成軌道それぞれに電子が1個ずつ収容される

この4個の電子が，それぞれ他の原子と共有されると4本の共有結合が形成されることになる。新しい軌道内の電子は，電子のマイナス電荷に由来する静電的反発を最小限にするように，空間的に炭素を中心に均等に配置されなければならない。つまり，4本の結合は炭素中心に配置すると炭素を中心に正四面体の頂点に配置されることになる（図2.4）。この中心炭素を正四面体炭素*（tetrahedral carbon）といい，4つの結合角は約109.5°となる。この混成軌道により作られた共有結合をσ結合（sigma bond）と呼び，炭素‐炭素および炭素‐水素からなるσ結合は通常安定であり，反応性に乏しい。アルカンが反応性に乏しいのはこのためである。

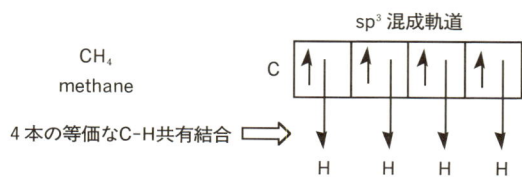

---

*　sp³混成炭素の結合角：プリズマンとカゴ型分子

sp³混成炭素のみから構成され，一般式(CH)ₙをもつシクロアルカン類の中で，周囲をシクロブタン環で取り囲まれたカゴ型分子をプリズマンと呼ぶ。理想的なC-C-C結合角（109.5°）から著しく変形して，分子構造が大きく歪むことから合成は不可能であるとされていたが，1964年，シカゴ大学のイートン（P. E. Eaton）が，サイコロ構造のテトラプリズマン(2)（通称，キュバンと呼ばれる）の合成に成功した。それまで夢の分子と唱えられていたキュバンの合成および性質に関する研究を契機に，三角柱のトリプリズマン(1)や五角柱のペンタプリズマン(3)を初めとして，sp³混成炭素のみから成る多くの関連するカゴ型分子が世に送り出されるようになった。

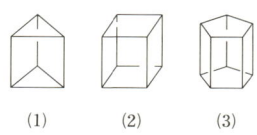

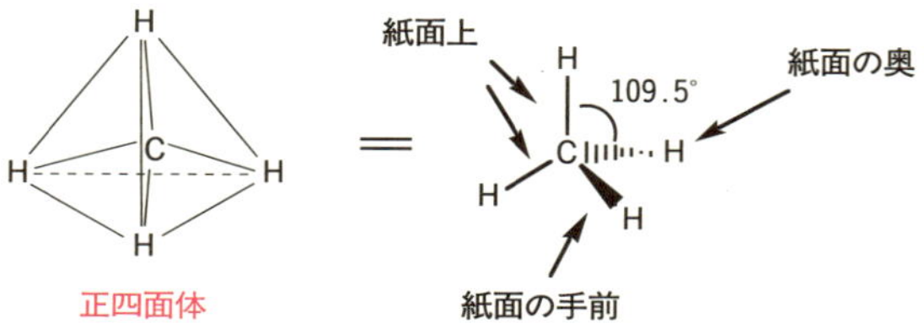

図2.4 メタン分子は正四面体構造をもつ立体分子

2.4.2 立体配座と配座異性体

1本の共有結合で結ばれている原子同士は回転することが可能である。エタンでこのことについて考えてみたいと思う。

炭素-炭素結合を中心に各炭素原子が回転すると，エタンの場合，たとえば上記のような二種類の立体構造を描くことができる。左の方は水素原子が，お互いに最も重なり合わないように配置した構造であり，右の構造は水素原子が最も重なり合うように配置していることに気がつくと思う。前者をねじれ形といい，後者を重なり形という。このような単結合の両端の原子の回転により生まれる立体的な配置を立体配座（conformation）といい，配座の違いによる異性体を配座異性体（conformer）という。上図ではエタンの立体をくさび表示で示したが，細かな原子の配置をこの表示で示すことは難しい。配座を明瞭に示すためにはニューマン投影式（Newman projection）が都合がよい（図2.5）。

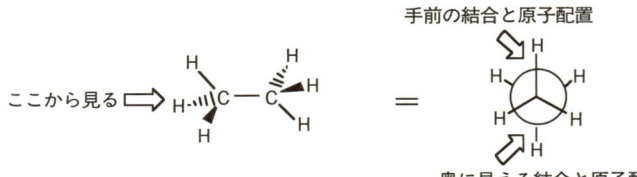

図2.5 Newman 投影式で表されたエタン分子

ニューマン投影式は注目結合の末端から分子を見た表示法である。つぎにニューマン投影式を用いてC2-C3を中心にブタンを見てみよう（図2.6）。ブタンでは60°回転するごとに別の配座に移り，これにより合計4種類の典型的な配座異性体が存在する。この中で混み合いが最小で，2個のメチル基が最も遠くに位置するねじれ形（アンチ）が最も安定となり，混み合いが最大の重なり形（シン）で最も不安定となる。このことから鎖状

のアルカンはジグザグ構造をとりやすい。

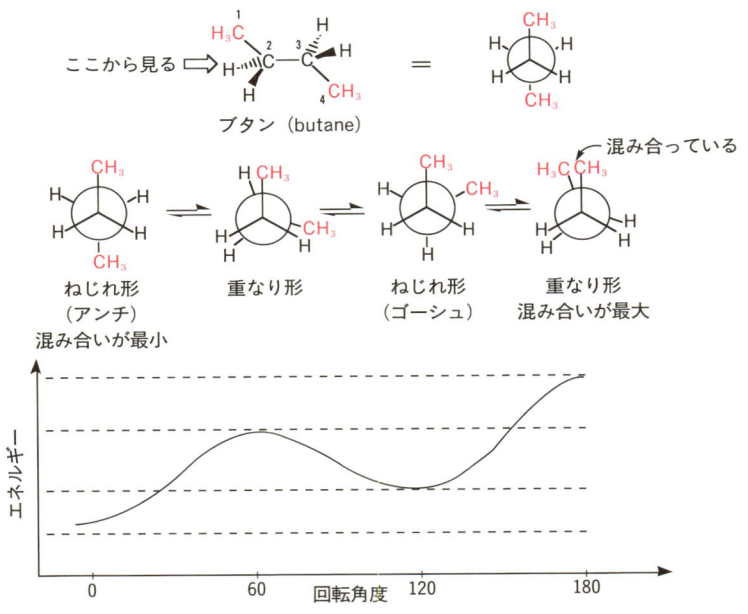

図2.6 ブタン分子C2-C3結合を軸に回転するときのポテンシャルエネルギー変化

2.4.3 シクロアルカンの立体構造と異性体

シクロアルカンは環状につながったアルカンであるために，鎖状アルカンのように自由に構造を変えることができない。ここでは最も簡単なシクロアルカンであるシクロプロパン（cyclopropane）についてシクロアルカンの立体構造を説明する。

環上に2つの置換基が存在する場合，2通りの構造が考えられる。この2つの構造は炭素原子が環状につながっているため，先に説明したような回転により入れ替わることはない(配座異性体ではない)。この2つをよく見てみると1つの構造では環に対して同じ側に置換基が存在し（シス体；*cis* isomer），もう1つの構造では相対する方向に置換基が存在している（トランス体；*trans* isomer）。このような異性体をシス-トランス異性（*cis-trans* isomer）という。

さらに，環が大きくなったシクロアルカンを見てみよう。環が大きくなっ

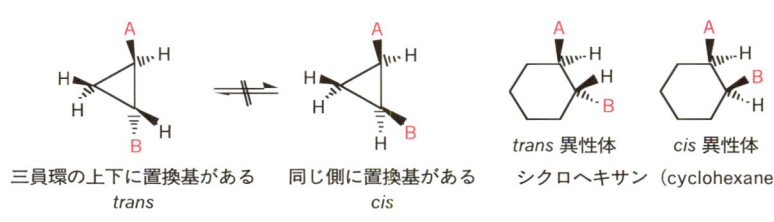

てもシス-トランス異性が存在することは，図を見てもらえばわかるだろう。しかし，この図では環は平面的に記されている。環を形成する炭素はsp³混成軌道を有する正四面体炭素であるので，大員環状のシクロアルカンでは，実際は平面構造ではない（図2.7）。

具体的にシクロヘキサンの環ならびに各結合を立体的に見てみよう（図2.7ではわかりづらいところもあるので分子模型を組んで一度見てもらいたい）。

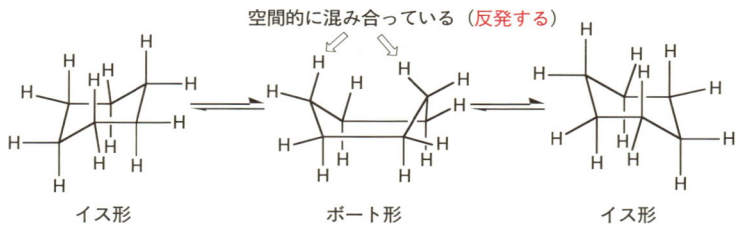

図2.7　シクロヘキサンの配座変化

図2.7から，シクロヘキサンには2つの配座異性体があることがわかる。1つはイスのような形をしているのでイス形（chair form）と呼ばれ，もう1つは舟の形をしていることからボート形（boat form）*と呼ばれている。ボート形は登頂の2個の水素原子が混み合う位置に存在するために，さほど安定ではなく，立体反発の少ないイス形に変わる。

シクロヘキサンのイス形における結合の位置に注目してみる。結合をよく見ると環を平面的に見た場合，その平面にほぼ垂直に突き出した結合とほぼ水平に突き出した結合がそれぞれの炭素に1つずつ存在することに気がつくだろう。これを分かりやすく示したものがつぎの図である。

* ボート形配座：分子構造や置換基などによる立体的理由で，分子骨格がボート形配座を余儀なくされる場合でも，ねじれることによって空間的込み合いをわずかでも軽減しようとする。完全なボート形配座よりもわずかに安定なボート形配座をねじれボート形配座という。

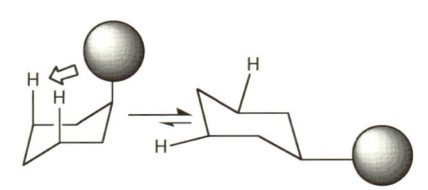

垂直方向に伸びた結合位置をアキシアル位（axial position），水平方向に伸びた結合位置をエクアトリアル位（equatorial position）と呼ぶ。図を見てわかるように，1番目と3番目にあるアキシアル位は空間的に混み合う位置に存在するため，大きな置換基が位置するには立体反発（steric repulsion）のため不利であり（1,3-反発），その場合，もう1つのイス形に立体配座を変える。

まとめ

分子構造を表現するために，ルイス構造式に関連させて，線結合式，縮合構造式，骨格構造式について学び，有機化合物の基本となるアルカン類の基本名を学習するとともに，多くの有機化合物に異性体が存在することを知った。そして，アルカン類の反応性や立体構造に由来する分子運動をながめた。つぎの章では，あらゆる有機化合物の分類法と系統的命名法を詳しく学ぶ。

コラム1　ナポレオンは兵隊さん思いだった⁉

そもそも，ものの色と形の認識はどこから来るのだろうか？赤いリンゴ，青い空，緑の木々。これは，太陽光の中に，動物の目に色として感知することのできる光線（可視光線）が含まれていることに起因する。夕立の雨上がりに観られる虹の色である。この虹の色，全部が人間の目に入って来ると真っ白に感じ，丁度，太陽を直視した状態と同じになる。また，この可視光線が目に全く入って来ないと暗黒状態になる。ところが，この虹色の可視光線から特定の色の光線が除かれると，残りの色の光線が目に飛び込むことになるので，真っ白以外の色を認識することができるようになる。今，この色の付いた可視光線を波長の順に並べた円グラフ（カラーサークル

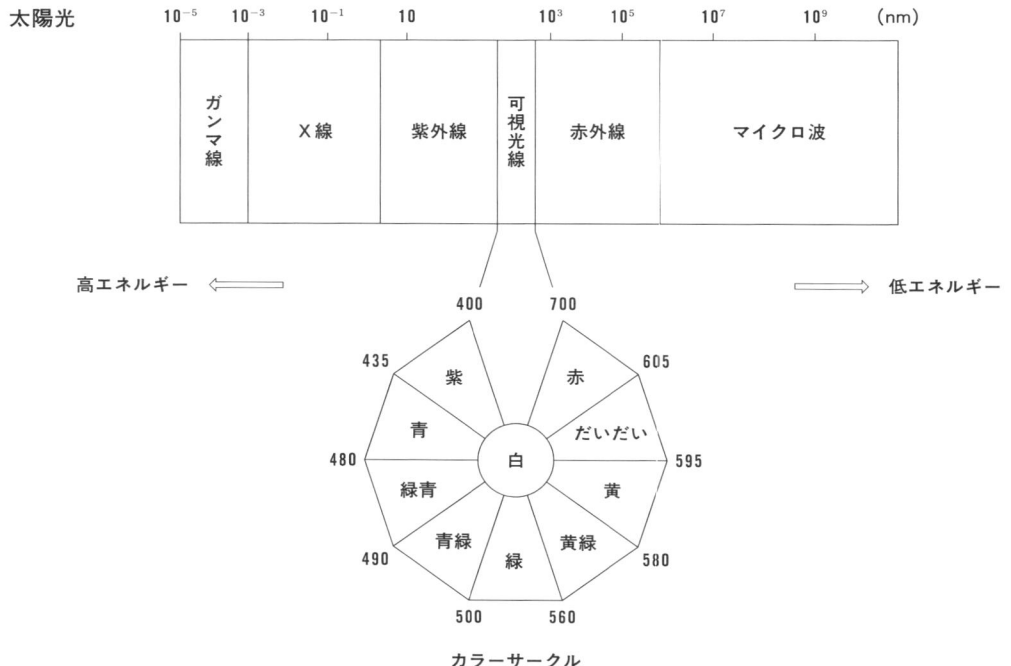

カラーサークル

と呼ばれる）をもとに考えると，除かれた光線の色の真向かいに位置する光線の色が，特に強調されて目に飛び込むことになる。すなわち，カラーサークル（短かい波長の光線ほど高エネルギー）において，ある物質が赤色の光線を吸収したとすると，その除かれた赤色光線の向かい側に位置する青緑色光線が特に強く目に飛び込むことになり，人間はその物質を青緑色の物質として認識することになる。逆に，リンゴが赤く見えるのは，リンゴが青緑色の光線を強く吸収しているということになる。また，自然界に存在するさまざまな物質がそれぞれの物質に特有のさまざまな色の可視光線を規則正しく吸収してくれているので，いずれか特定の一色だけの世界ではなくなり（赤い車庫の中に赤い車を認めることはできない），赤色や緑色や青色や黄色など，物質の輪郭が明瞭になってものの形が認識できるようになるのである。人間は，可視光線のほどよい中間的な環境の下，ものの色と形の認識を，毎日の生活習慣の中で体得しているのである。

さて，かのフランス皇帝ナポレオンは，生活の多くの場面で赤色系統の暖かい色を好んだと言う。見た目の華やかさに加え，情熱的な野心家の象徴であろうか。はたまた，単に寒がり屋だったのだろうか。宮廷の赤い絨毯，赤塗りの馬車，兵隊にも赤い服を着るように勧めたと言うほどである。一方，上述のカラーサークルからもわかるように，赤色系統の物質は青色系統のより高エネルギーの光線を吸収していることを意味する。ナポレオン，知ってか知らずかの後日談であるが，現代とは較べものにならないほど当時の劣悪な衛生状態に基づくさまざまな病気や疾病から，身を守ることにこの赤色系統の衣類が少なからず貢献したことになる。すなわち，頻繁に風雪雨に打たれ放しになることで兵服に発生するダニやシラミや病原菌をより高エネルギーの青色系統の光線を吸収させて殺菌駆除していたことにつながる。ナポレオン皇帝，正に，兵隊思いであったと言うところ。果たして，真意は。

章末問題 2

問2.1 各分子について，縮合構造式は骨格構造式に，骨格構造式は縮合構造式にかき直せ。

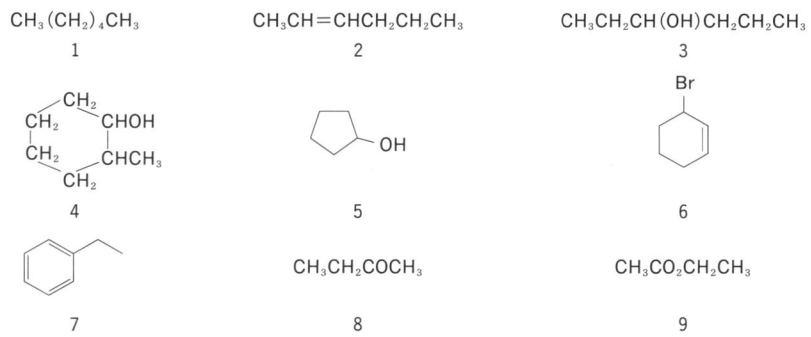

問2.2 分子式 C_8H_{18}（オクタン）で示されるアルカン類について，以下の問いに答えよ。
(1) 直鎖状のオクタン以外に，3つの異性体を骨格構造式で示せ。
(2) オクタンよりも水素の数が2個少ないシクロアルカン（C_8H_{16}）類の中で，シクロヘキサン環を有する3つの異性体を骨格構造式で示せ。
(3) (1)および(2)で示したそれぞれの分子を，立体構造式で表わせ。

問2.3 以下の化合物について，沸点が高くなる順に並べ，そのように並べた理由を説明せよ。

neopentane   2-methyl-2-butanol   2,3-dimethylbutane

1-pentanol   n-hexane

問2.4 2-メチルブタン（イソペンタン）について，中央のC2-C3結合を軸にして回転させるとき，配座異性体のポテンシャルエネルギー変化の概略を描き，各配座異性体をそれぞれのエネルギー点に対応させよ。

2-methylbutane (isopentane)

問2.5 *trans*-1-エチル-3-メチルシクロヘキサンについて，もっとも安定な立体配座を示し，その特徴を理由とともに説明せよ。

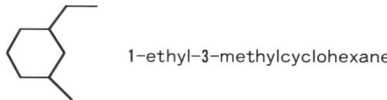

1-ethyl-3-methylcyclohexane

3 有機化合物の分類とIUPAC命名法

　あらるゆる有機化合物は官能基によって分類でき，慣用名や系統的命名法によって，それぞれの分子構造に対応させて命名することができる。そのためには，数詞表現，官能基別の名称，化学連合が設けた規定などをしっかりと身に付けることが必要である。これができたら，官能基別に分類した化合物群に共通した反応性などの性質をながめてみよう。

3.1　官能基による化合物の分類

　地球上には数え切れないほどの有機化合物が存在する。有機化学を学ぶ上でこの有機化合物の分類ができ，命名する，もしくは名称から特定の分子構造を導き出せることは重要である。化合物の分類は官能基(functional group)と呼ばれる原子団によって行われる。様々な官能基の構造と分類を表に示した（表3.1）。

表3.1 官能基による有機化合物の分類と命名

一般名	官能基の構造（官能基名）	名前の末尾	例（名前）
alkane（アルカン）	C–CまたはC–Hのみ	-ane	$CH_3CH_2CH_3$ (propane)
alkene（アルケン）	$>C=C<$	-ene	$CH_2=CH_2$ (ethene) (ethylene) 慣用名
alkyne（アルキン）	$-C\equiv C-$	-yne	$HC\equiv CH$ (ethyne) (acetylene) 慣用名
alkanol (alcohol)（アルコール）	–OH (hydroxyl group)	-ol	CH_3CH_2OH (ethanol) (ethyl alcohol) 慣用名
alkanal (aldehyde)（アルデヒド）	–C(=O)–H (–CHO) (formyl group)	-al	CH_3CHO (ethanal) (acetaldehyde) 慣用名
alkanone (ketone)（ケトン）	C–C(=O)–C ($>$CCOC$<$) (carbonyl group)	-one	CH_3COCH_3 (propanone) (acetone) 慣用名
alkanoic acid (carboxylic acid)（カルボン酸）	–C(=O)–OH (–CO₂H) (carboxyl group)	-oic acid	CH_3CO_2H (ethanoic acid) (acetic acid) 慣用名
alkyl alkanoate (ester)（エステル）	–C(=O)–OC (–CO₂C) (alkoxy carbonyl group)	-yl-oate	CH_3CO_2Et (ethyl ethanoate) (ethyl acetate) 慣用名
alkanamide (amide)（アミド）	–C(=O)–N$<$ (–CON$<$) (carbamoyl group)	-amide	CH_3CONH_2 (ethanamide) (acetamide) 慣用名
alkanoic anhydride (acid anhydride)（酸無水物）	–C(=O)–O–C(=O)– [(–CO)₂O]	-oic anhydride	$(CH_3CO)_2O$ (ethanoic anhydride) (acetic anhydride) 慣用名
alkanoyl halide (acyl halide)（ハロゲン化アシル）	–C(=O)–X (–COX)	-oyl halide	CH_3CH_2COCl (propanoyl chloride)
alkylamine（アミン）	–N$<$ (amino group)	-ylamine	CH_3NH_2 (methylamine)
alkyl ether (alkoxy alkane)（エーテル）	C–O–C ($>$COC$<$)	-yl ether -oxy alkane	CH_3OCH_3 (dimethyl ether)

　この表は分類だけでなく，つぎに説明するIUPAC命名法においても重要なので努力して覚えてもらいたい．この表の見方について例をもとに簡単に説明しておく．

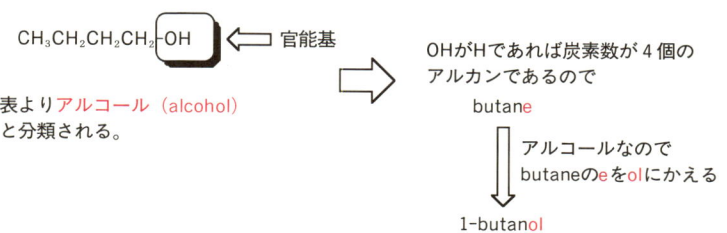

このように表3.1は化合物の分類と命名の際の名前の変換に役立つことがわかるであろう。

3.2 慣用名と IUPAC 命名法

先に示した例の中で直鎖アルカンの名称を基準とする命名法を簡単に紹介した。このような鎖状アルカンの名称を基準に命名を行う命名法は系統的な命名法であり，多くの有機化合物に適用できる。つまり，この命名に関する規則を理解するだけで無数の有機化合物を命名し，名称から構造を知ることができるのである。この系統的な命名法を考案した IUPAC（国際純正応用化学連合；International Union of Pure and Applied Chemistry）にちなんで IUPAC 命名法（IUPAC system of nomenclature）という（表3.1）。命名における語尾変化がわかるようにここでは英語名を中心に解説していくが，和名については断りがない限り英名をカタカナ表記にすると考えてもらいたい。簡単に IUPAC 命名法について解説したが，これとは別に発見者が物質の性質などにちなんで独自に付けられた名前が古くから使われていることも多い（図3.4参照）。この名前のことを慣用名（trivial name）といい，いくつかの化合物については今もなお IUPAC 名と同時に使用されており，IUPAC 名として使用が認められているものも多い。

命名を学ぶに当たり，まずは倍数接語を覚えてもらいたい。倍数接語とは同種の置換基の数を表現するのに用いるものであり，1個，2個，3個……に相当するものである。1から10までの倍数接語はつぎの通りである（表3.2）。

表3.2 倍数接語

個 数	1	2	3	4	5	6	7	8	9	10
倍数接語	mono	di	tri	tetra	penta	hexa	hepta	octa	nona	deca

有機化合物によく含まれる置換基（substituent）を例に倍数接語の使い方を見てみよう（つぎにあげる置換基は一般的な置換基であるので覚えてもらいたい）（表3.3）。

表3.3 有機化合物によく含まれる置換基名

置換基	-F	-Cl	-Br	-I	$-NO_2$	-OH	$-NH_2$
置換基名	fluoro	chloro	bromo	iodo	nitro	hydroxy	amino

倍数接語の使用例　　-Cl が 2 個…dichloro，5 個…pentachloro

つぎに命名における官能基の優先順位を覚えてもらいたい（図3.1）。これは，ある化合物にいくつもの官能基が含まれる場合，どの官能基を基準に命名すればよいのか，表記の優先順位を判断する際に役立つ。この章で取り上げる有機化合物の中で最も優先順位が高いのはカルボン酸であり，最も低いのはエーテルである。

カルボン酸＞酸無水物＞エステル＞酸ハロゲン化物＞アミド＞
アルデヒド＞ケトン＞アルコール＞アミン＞エーテル

図3.1　命名における官能基の主基となるための優先順位

この中にアルケンやアルキンが含まれていないが，アルケンやアルキンは本来，炭素-炭素結合における飽和，不飽和を示すものであり，主要な官能基（主基）にはなりえない。すなわち，アルケンやアルキンはエーテルよりも命名においては優先順位が低いということになる。

3.2.1　アルカンの命名

置換基のない鎖状，環状のアルカンの名称について先の章で学んだ（2.2参照）。ここでは置換基を有するアルカンおよびシクロアルカンの命名について学ぶ。IUPAC命名法の解説において述べたように，すべての有機化合物の名称は鎖状アルカン名をもとに命名されるので，命名法を学ぶ前に鎖状アルカンの名前を正確に覚えてもらいたい。

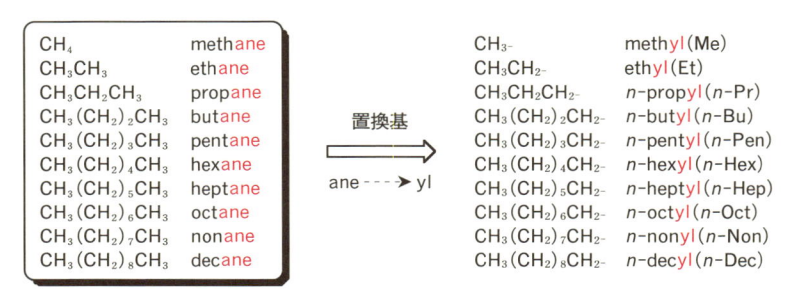

まず初めに炭素鎖からなる置換基の命名について見ておこう。この置換基名も先の説明のようにアルカンの名称をもとに命名でき，alkane の ane を yl に変えることにより命名される。これを一般名に適応すると alkyl となり，炭素鎖からなる置換基のことをアルキル基（alkyl group）という。以下に炭素数10個までの直鎖アルキル基を示す（図3.2）。直鎖アルキル基名には直鎖であることを示す n-（ノルマル）を付して表す。

CH_4	methane		CH_3-	methyl(Me)
CH_3CH_3	ethane		CH_3CH_2-	ethyl(Et)
$CH_3CH_2CH_3$	propane		$CH_3CH_2CH_2-$	n-propyl(n-Pr)
$CH_3(CH_2)_2CH_3$	butane	置換基	$CH_3(CH_2)_2CH_2-$	n-butyl(n-Bu)
$CH_3(CH_2)_3CH_3$	pentane	ane ---→ yl	$CH_3(CH_2)_3CH_2-$	n-pentyl(n-Pen)
$CH_3(CH_2)_4CH_3$	hexane		$CH_3(CH_2)_4CH_2-$	n-hexyl(n-Hex)
$CH_3(CH_2)_5CH_3$	heptane		$CH_3(CH_2)_5CH_2-$	n-heptyl(n-Hep)
$CH_3(CH_2)_6CH_3$	octane		$CH_3(CH_2)_6CH_2-$	n-octyl(n-Oct)
$CH_3(CH_2)_7CH_3$	nonane		$CH_3(CH_2)_7CH_2-$	n-nonyl(n-Non)
$CH_3(CH_2)_8CH_3$	decane		$CH_3(CH_2)_8CH_2-$	n-decyl(n-Dec)

図3.2　アルカン名からアルキル置換基名への変換とその略称

このようにアルカンの名前をもとに簡単にアルキル基名を付けることが

可能だが，分岐した骨格を持つアルキル基の命名はやや複雑である。そこで，分岐したアルキル基の中で，よく用いられるものについては，つぎのような*イソプロピル*（isopropyl），*イソブチル*（isobutyl），*s-ブチル*（*s*-butyl），*t-ブチル*（*t*-butyl）などの命名法によらない分岐アルキル名を用いる。

■ 分岐アルキル基

$$\begin{array}{c}H_3C\\CH-\\H_3C\end{array}\text{ isopropyl} \qquad \begin{array}{c}H_3C\\CH-CH_2-\\H_3C\end{array}\text{ isobutyl}$$

$$H_3C-CH_2-CH-\underset{CH_3}{}\text{ }s\text{-butyl} \qquad H_3C-\underset{CH_3}{\overset{CH_3}{C}}-\text{ }t\text{-butyl}$$

分岐を示す記号であり名称ではない

アルキル基の命名法について見てきたので，つぎは種々の置換基をもつアルカンの命名法について見てみよう。アルカンの命名はつぎの手順で行う。

1) 直鎖状もしくは環状の最も長い鎖を探す ---▶ 主骨格
   （長さが同じ鎖の場合には分岐が多くなる方を選ぶ）
   環状の場合は直鎖状アルカン名に cyclo をつける
2) 最初の分岐点に近い方から番号を主鎖にふる。最初の分岐点がどちらから数えても同じ場合はつぎの分岐点が小さくなる方から番号を付ける。
3) つぎの順に並べる
   置換基の位置番号-置換基名ついで主鎖名（単語間はスペースをあけない，番号と単語の間はハイフンで区切る），置換基はアルファベット順に並べる。

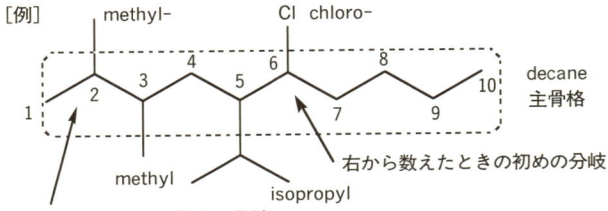

[例] methyl-（2位） Cl chloro-（6位）
主鎖 decane（10炭素鎖，1〜10番号付け）
methyl（3位），isopropyl（5位）
左から数えたときの初めの分岐
右から数えたときの初めの分岐

6-chloro-5-isopropyl-2,3-dimethyldecane
  ↑ 6-クロロ-5-イソプロピル-2,3-ジメチルデカン
置換基はアルファベット順に並べる

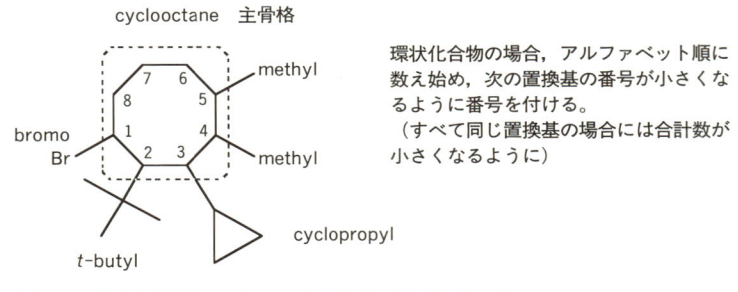

1-bromo-2-*t*-butyl-3-cyclopropyl-4,5-dimethylcyclooctane
1-ブロモ-2-*t*-ブチル-3-シクロプロピル-4,5-ジメチルシクロオクタン

3.2.2 アルケン，アルキンの命名

アルケン，アルキンの命名は，同じ炭素数の alkane の語尾の ane を ene，または yne に変換することにより命名することができる。alkane の語尾をそれぞれ ene と yne に変えると，alkene（アルケン），alkyne（アルキン）となる。末尾の ene は二重結合，yne は三重結合を意味している。命名の際，不飽和結合の位置番号が最小になるように番号を付け，位置番号は主骨格名の前に付ける。

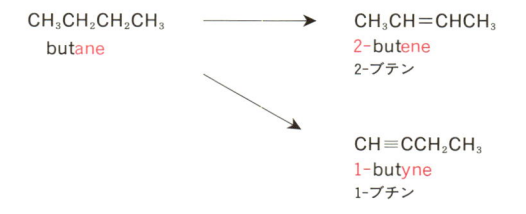

$CH_3CH_2CH_2CH_3$ → $CH_3CH=CHCH_3$
butane　　　　　　　2-butene
　　　　　　　　　　2-ブテン

→ $CH≡CCH_2CH_3$
1-butyne
1-ブチン

二重結合と三重結合が混在する場合，はじめに二重結合を考慮した名称を付け，ene の後ろの e を yne に置き換える。位置番号については最初の不飽和結合の番号が小さくなるように付ける。最初の多重結合の番号が同じ場合には二重結合を優先する。二重結合の位置番号は主骨格名の前に置き，三重結合の位置番号は yne の前に置く。

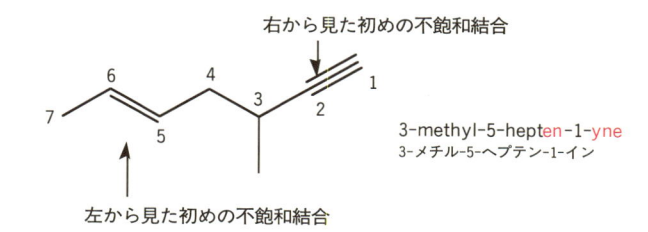

3-methyl-5-hepten-1-yne
3-メチル-5-ヘプテン-1-イン

また，二重結合，三重結合が多数ある場合 diene, triene などのように ene の前に倍数接語をおく。この際, ane をすべて変えてしまうと子音が重なり発音できなくなるので ane の a を残すので注意してもらいたい。

2-methyl-2,4-hexadiene
2-メチル-2,4-ヘキサジエン

二重結合には環状アルカンと同様に，シス-トランス異性体が存在する。そこで，命名における立体の表現法について少し見ておこう。

単純な二置換アルケン，環状化合物の場合，*cis*, *trans* によりこの2つを区別する。しかし三置換以上のアルケンならびに2つ以上の二重結合を含むような複雑なアルケンはこの表現では立体を表すことができないので E, Z 表示* により立体を表現する。E, Z 表示を行う際，Cahn-Ingold-Prelog法（図3.3）により各炭素上の置換基に優先順位を付す。このことをつぎに示す。

* E, Z 表示：E はドイツ語のEntgegen（反対側），Z は Zusammen（ともに）由来している。

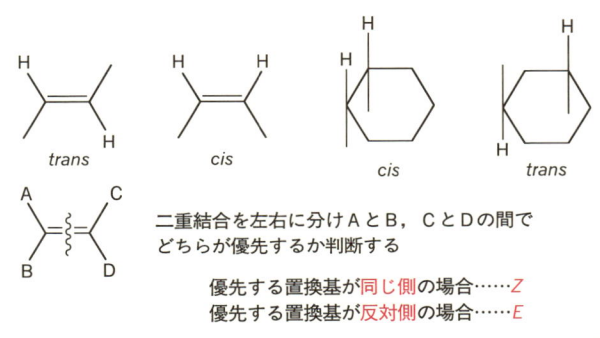

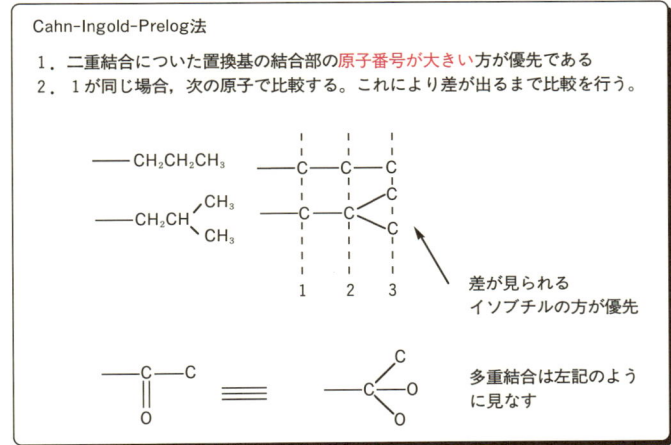

二重結合を左右に分けAとB，CとDの間でどちらが優先するか判断する

優先する置換基が同じ側の場合……*Z*
優先する置換基が反対側の場合……*E*

Cahn-Ingold-Prelog法
1．二重結合についた置換基の結合部の原子番号が大きい方が優先である
2．1が同じ場合，次の原子で比較する。これにより差が出るまで比較を行う。

差が見られるイソブチルの方が優先

多重結合は左記のように見なす

図3.3 Cahn-Ingold-Prelog法による置換基に関する優先規定の取り扱い

立体表示は名前の前に配置する。E, Z 表示は E, Z の前に位置番号を添えて括弧をつける。その例をつぎに示す。

［例］

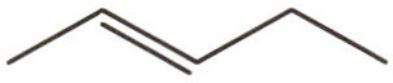

trans-2-pentene
trans-2-ペンテン

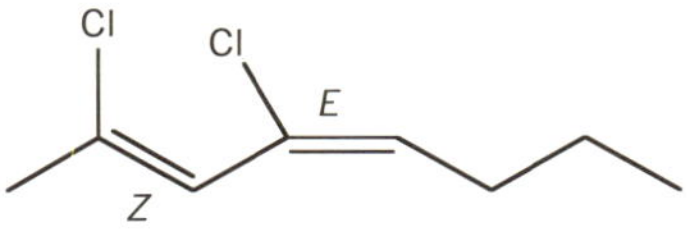
Cl
Cl
E
Z

(2*Z*, 4*E*)-2,4-dichloro-2,4-octadiene

↑ (2*Z*, 4*E*)-2,4-ジクロロ-2,4-オクタジエン
括弧を付ける

3.2.3　芳香族化合物の命名

芳香族化合物は二重結合を含む環状化合物であるがアルケンにない性質を示すのでアルケンとは別に命名する。アルケンと芳香族化合物の見分け方については第 5 章で学ぶ。芳香族化合物の命名については古くから使用されている慣用名を主骨格名として用いることが認められている。以下に使用を認められているベンゼン誘導体の慣用名を示す。また，ベンゼン環を置換基として使用する場合はフェニル（phenyl）と命名する。

IUPAC 名として用いてよい慣用名

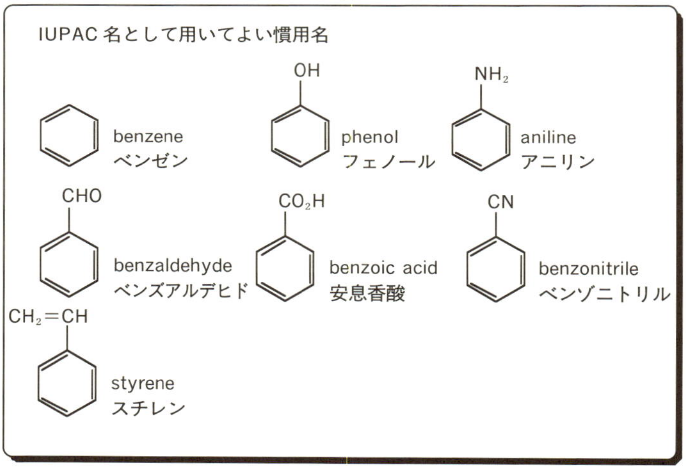
OH
NH_2
benzene
ベンゼン
phenol
フェノール
aniline
アニリン
CHO
CO_2H
CN
benzaldehyde
ベンズアルデヒド
benzoic acid
安息香酸
benzonitrile
ベンゾニトリル
CH_2=CH
styrene
スチレン

これらを基準に命名する際は，基準となる骨格の官能基の位置番号を 1 と数え，つぎに来る置換基の位置番号が小さくなるように考え，時計回りもしくは反時計回りで番号をつける。二置換ベンゼン化合物の場合には位置番号をつけずにオルト，メタ，パラという置換形式の表現を用いてもよい。これらの例を以下に示す。

二置換ベンゼン

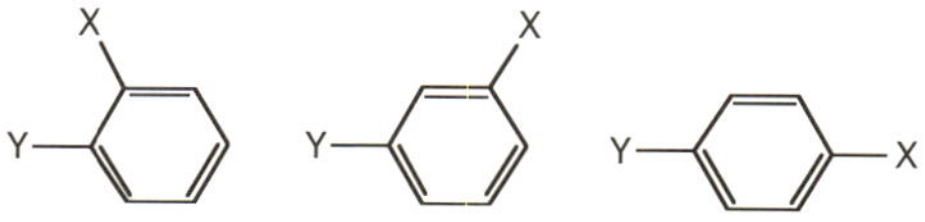
X
Y
X
Y
Y
X

o-（オルト）　*m*-（メタ）　*p*-（パラ）

3 有機化合物の分類とIUPAC命名法　31

[例]

| isopropylbenzene | o-dinitrobenzene | p-bromophenol | 3,5-dibromobenzoic acid | 1-phenyl-1-propanone |
| イソプロピルベンゼン | o-ジニトロベンゼン | p-ブロモフェノール | 3,5-ジブロモ安息香酸 | 1-フェニル-1-プロパノン |

ベンゼン化合物以外に多環，複素環（炭素以外の原子を含んでいる）芳香族化合物もあるのでいくつかを例にあげておく。是非，覚えておこう。

■ ベンゼン以外の芳香族化合物

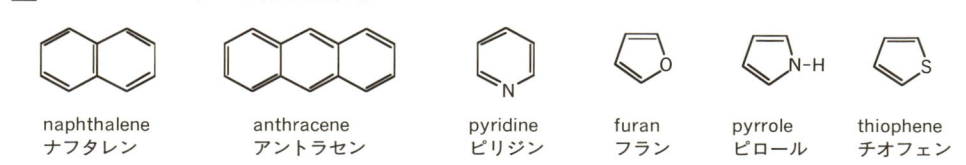

| naphthalene | anthracene | pyridine | furan | pyrrole | thiophene |
| ナフタレン | アントラセン | ピリジン | フラン | ピロール | チオフェン |

3.2.4 アルコールの命名

アルコールは alkanol ともいう。alkane, alkene, alkyne の最後の e を ol に変えることにより表現できる。不飽和結合よりも優先する官能基である。水酸基より優先する官能基がある場合，アルコールとしては命名せず置換基として見なし hydroxy と命名する。水酸基（OH）を主基と見なす場合は，水酸基の位置番号が最も小さくなるように，左右いずれかの末端から位置番号をつける。不飽和結合が主骨格の中に含まれない場合，水酸基の位置番号は主骨格名の直前に置き，不飽和骨格が含まれる場合には不飽和骨格の位置番号を主骨格名の直前に置き，水酸基の位置番号は ol の直前に置く。

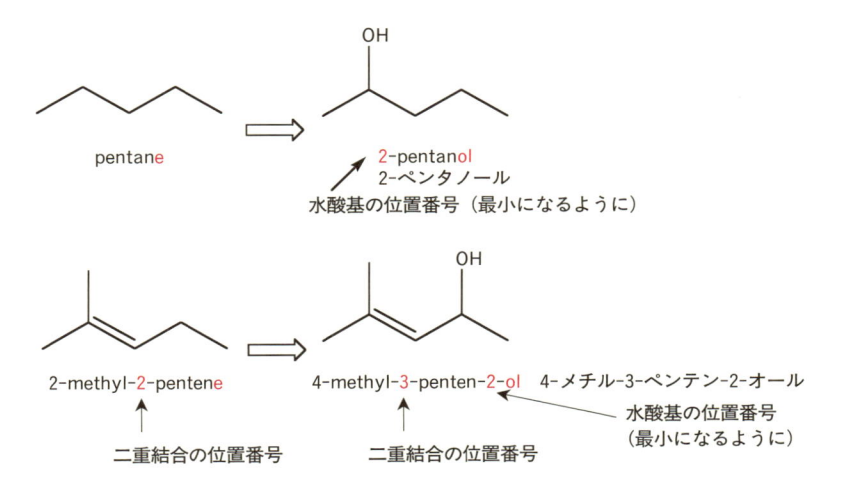

pentane → 2-pentanol
　　　　　　2-ペンタノール
　　　　　　↑ 水酸基の位置番号（最小になるように）

2-methyl-2-pentene → 4-methyl-3-penten-2-ol　4-メチル-3-ペンテン-2-オール
　　　↑　　　　　　　　↑　　　　↖ 水酸基の位置番号
二重結合の位置番号　　二重結合の位置番号　　　（最小になるように）

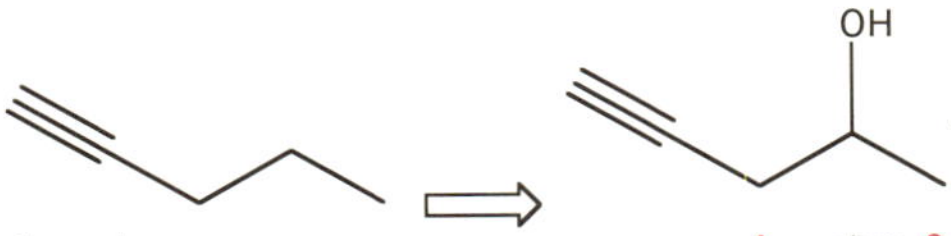

1-pentyne → 4-pentyn-2-ol　4-ペンチン-2-オール

三重結合の位置番号　三重結合の位置番号　水酸基の位置番号（最小になるように）

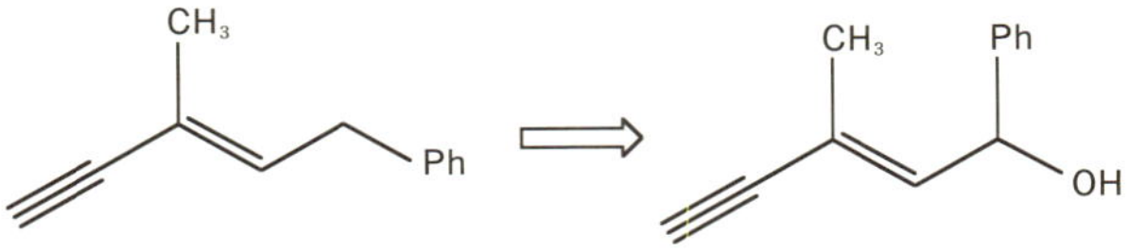

(E)-3-methyl-5-phenyl-3-penten-1-yne → (E)-3-methyl-1-phenyl-2-penten-4-yn-1-ol
(E)-3-メチル-1-フェニル-2-ペンテン-4-イン-1-オール

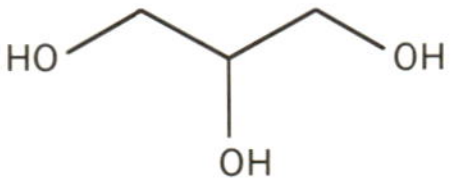

1,2,3-propanetriol (glycerol)　1,2,3-プロパントリオール

子音が重ならないように e を残す

3.2.5　ケトン・アルデヒドの命名

カルボニル基（>C=O）を含む化合物でカルボニル基が末端にある場合をアルデヒド，内部にある場合をケトンという。名前はアルコールと同様に語尾の e を変化させる。アルデヒドの場合は -al，ケトンの場合は -one をつける。

アルデヒドは末端にあることが明らかなので，カルボニル基の位置番号は省略する。カルボニル基を置換基として命名する場合は oxo と命名する（-CHO を置換基としてみる場合には formyl と命名する）。

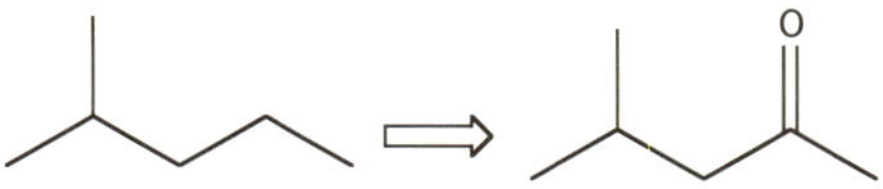

2-methylpentane → 4-methyl-2-pentanone
4-メチル-2-ペンタノン

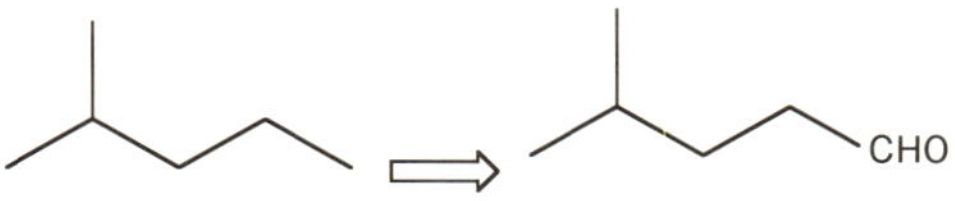

2-methylpentane → 4-methylpentanal
4-メチルペンタナール

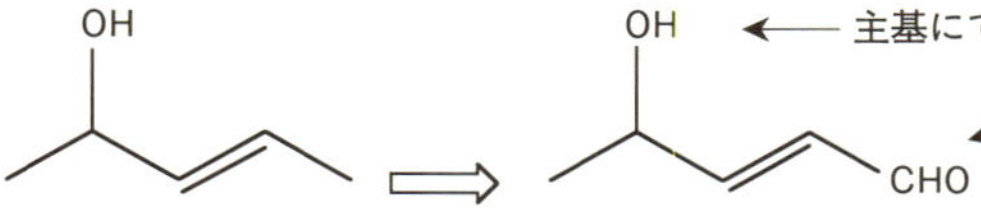

trans-3-penten-2-ol → trans-4-hydroxy-2-pentenal
trans-4-ヒドロキシ-2-ペンテナール

主基にできない ⇒ hydroxy基
主基

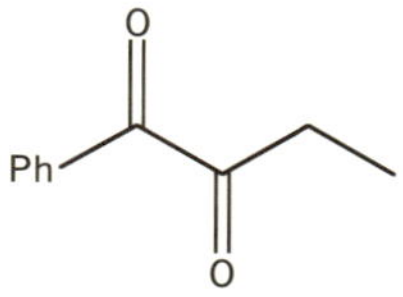

1-phenyl-1,2-butanedione
1-フェニル-1,2-ブタンジオン

環に -CHO が置換しているようなアルデヒドは炭化水素名に carbaldehyde（カルバルデヒド）を加え，命名する．

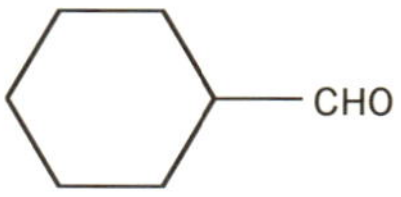

cyclohexanecarbaldehyde
シクロヘキサンカルバルデヒド

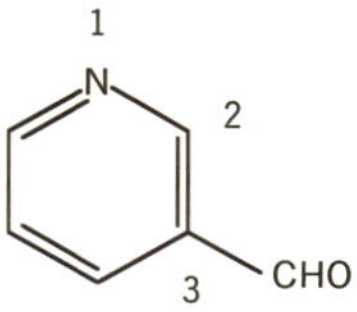

3-pyridinecarbaldehyde
3-ピリジンカルバルデヒド

3.2.6 カルボン酸の命名

カルボキシル基（$-CO_2H$）を含む化合物の名前は，語尾の e を -oic acid に変える．oic と acid の間は一文字あける．和名は飽和，不飽和炭化水素名のうしろに酸をつける．

trans-3-pentenoic acid
trans-3-ペンテン酸

2-methylbutanoic acid
2-メチルブタン酸

hexanedioic acid
ヘキサン二酸
(adipic acid)

環に $-CO_2H$ が置換しているようなカルボン酸は主骨格基本名に carboxylic acid を加え，命名する．

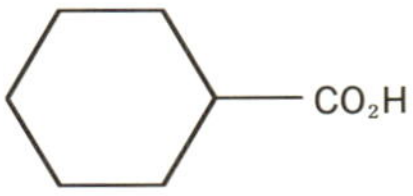

cyclohexanecarboxylic acid
シクロヘキサンカルボン酸

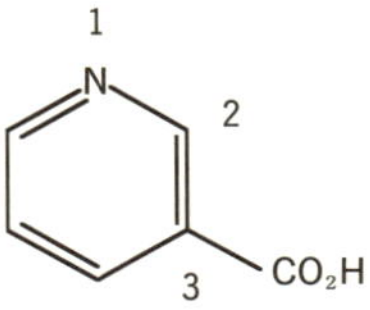

3-pyridinecarboxylic acid
3-ピリジンカルボン酸

3.2.7 エステルの命名

エステル化合物の命名は，酸素原子に結合したアルキル基とそれ以外に分離して考える。エステル酸素に結合したアルキル基名を先に書き，後に残りの骨格を示す名称を書く（対応するカルボン酸名の -ic acid を -ate に変えて命名する）。この間は一文字あける。和名はカルボン酸名，アルキル基名の順に表示する（和名と英語名は順序が異なるので注意。また，和名では空白をあけないところに注意）。

⟹ n-propyl 2-methylbutanoate
2-メチルブタン酸-n-プロピル

⟹ methyl trans-3-pentenoate
trans-3-ペンテン酸メチル

3-pentenoate ⟺ 3-pentenoic acid ⟺ 3-pentene

3.2.8 アミドの命名

アミドは，対応するカルボン酸名の oic acid を amide に変えて命名する。また，アミドの窒素原子上の置換基は N-alkyl というように表示する。N は窒素上の基であることを示す。

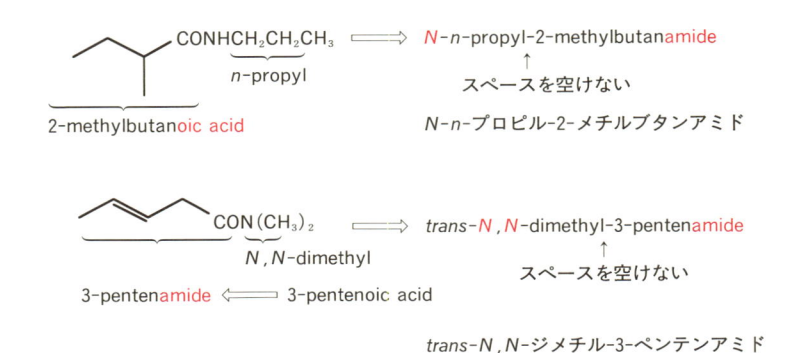

⟹ N-n-propyl-2-methylbutanamide
↑
スペースを空けない
N-n-プロピル-2-メチルブタンアミド

⟹ trans-N,N-dimethyl-3-pentenamide
↑
スペースを空けない

3-pentenamide ⟺ 3-pentenoic acid

trans-N,N-ジメチル-3-ペンテンアミド

3.2.9 酸無水物の命名

酸無水物は，対応するカルボン酸名の acid を anhydride に変えて命名する。左右非対称の酸無水物の場合，アルファベット順に記し -ic -ic anhydride と表す（スペースに注意）。また，和名はカルボン酸名に無水物を付し命名する。

propanoic anhydride
プロパン酸無水物
（和名はスペースを空けない）

benzoic propanoic anhydride
安息香酸プロパン酸無水物

3.2.10 酸ハロゲン化物の命名

酸ハロゲン化物は，アシル基部分に halide(chloride, bromide, iodide) を加えて命名する。アシル基部分は対応するカルボン酸の ic acid 部分を yl に変えて命名する。

和名はアシル基名の前にハロゲン化を付し命名する。

propanoyl chloride　　一文字開ける
塩化プロパノイル（和名はスペースを空けない）

3.2.11 エーテルの命名

エーテルは酸素原子に結合している2つの基をアルキル基と見なしアルファベット順に並べ alkyl alkyl ether と命名する（スペースに注意）。他の官能基が存在する場合は，アルコキシ基とみなし命名する。アルコキシ基の命名は ane を oxy に変えて命名する。

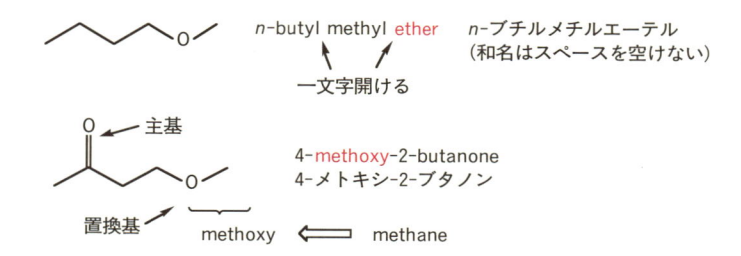

n-butyl methyl ether　　n-ブチルメチルエーテル
（和名はスペースを空けない）
一文字開ける

主基
4-methoxy-2-butanone
4-メトキシ-2-ブタノン
置換基　methoxy ⇐ methane

3.2.12 アミンの命名

アミンは，アルキル基名に amine をつけて命名する。対称な基を有する場合にもこれに準じて命名する。対称でない第二級，第三級アミンはアル

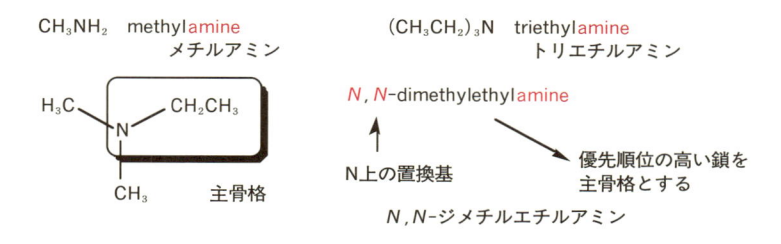

CH_3NH_2　methylamine
メチルアミン

$(CH_3CH_2)_3N$　triethylamine
トリエチルアミン

N,N-dimethylethylamine
N上の置換基　　優先順位の高い鎖を主骨格とする
主骨格
N,N-ジメチルエチルアミン

キル基置換された窒素を含む第一級アミンとして命名する。また置換基として見なす場合には N-alkylamino と命名する。

■ 窒素を含む置換基の例

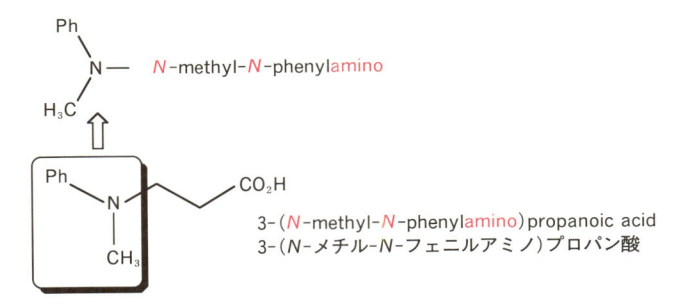

N-methyl-N-phenylamino

3-(N-methyl-N-phenylamino)propanoic acid
3-(N-メチル-N-フェニルアミノ)プロパン酸

3.2.13 汎用な有機化合物の慣用名

種々の有機化合物の分類と IUPAC 命名法について触れてきた。古くから知られている化合物には先に述べたように，その化合物の特色などにちなんだ慣用名が存在する。溶媒などとして汎用される化合物の構造と慣用名を示すので，示したものをすべて覚えるように努力してもらいたい（図3.4）。また，これらの慣用名は古くから用いられ，すでに浸透しているものも多いためいくつかの化合物については，IUPAC 名として認められている。

3.3 有機化合物の反応と性質の概要

有機化合物の官能基と各化合物の命名法について学んできた。有機化合物が官能基により分類されるのは各官能基によって性質や反応の起こり方が異なるからである。この後の章において各有機化合物の性質等について細かに解説していくつもりであるが，一年間ですべての化合物について学ぶことは難しいだろう。有機化学の関連科目である生化学や高分子化学を学ぶ前にある程度それぞれの化合物の性質を理解しておいた方が都合のよいことも多い。そこで各化合物の性質について簡単にふれておきたい。以下に各官能基を含む化合物の性質と代表的な反応についてまとめておいたので，それらの特徴と反応を記憶にとどめておいてもらいたい。

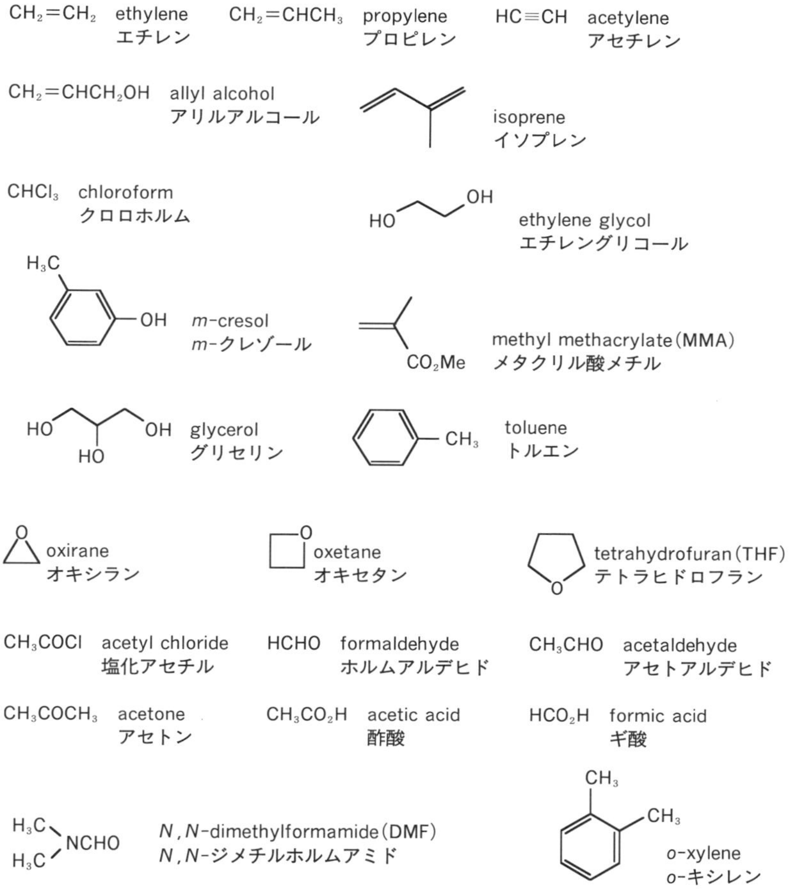

CH₂=CH₂ ethylene エチレン　　CH₂=CHCH₃ propylene プロピレン　　HC≡CH acetylene アセチレン

CH₂=CHCH₂OH allyl alcohol アリルアルコール　　isoprene イソプレン

CHCl₃ chloroform クロロホルム　　HOCH₂CH₂OH ethylene glycol エチレングリコール

m-cresol m-クレゾール　　methyl methacrylate (MMA) メタクリル酸メチル

glycerol グリセリン　　toluene トルエン

oxirane オキシラン　　oxetane オキセタン　　tetrahydrofuran (THF) テトラヒドロフラン

CH₃COCl acetyl chloride 塩化アセチル　　HCHO formaldehyde ホルムアルデヒド　　CH₃CHO acetaldehyde アセトアルデヒド

CH₃COCH₃ acetone アセトン　　CH₃CO₂H acetic acid 酢酸　　HCO₂H formic acid ギ酸

(H₃C)₂NCHO N,N-dimethylformamide (DMF) N,N-ジメチルホルムアミド　　o-xylene o-キシレン

図3.4　慣用名の例

3.3.1　アルカン

きわめて反応性が低く，プロパンガス，ろうなど燃料として用いられている。また，水とは混じり合わない（2.2参照）。

■ 燃焼反応

$$C_nH_{2n+2} + (3n+1)/2 O_2 \longrightarrow nCO_2 + (n+1)H_2O$$

光によるハロゲンの置換反応

$$CH_3-H \xrightarrow[光(h\nu)]{Cl-Cl} CH_3-Cl + H-Cl$$

　　↑　　　　　　　　　↑
置き換わる ………… 置換反応

3.3.2 アルケン

平面状分子であり酸化を受けやすい。植物油などの劣化はこのためである。特徴的な反応としては付加反応を起こす。

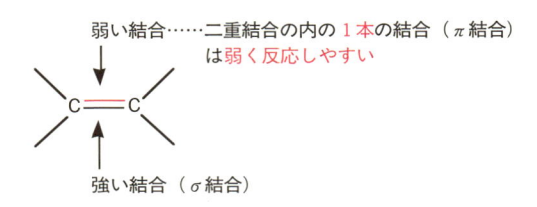

弱い結合……二重結合の内の1本の結合（π結合）は弱く反応しやすい

強い結合（σ結合）

■ 付加反応

$CH_2=CH_2 + Br_2 \longrightarrow CH_2Br-CH_2Br$

$CH_2=CH_2 + H_2 \longrightarrow CH_3-CH_3$

■ 付加重合

$nCH_2=CH_2 \xrightarrow{触媒} \{CH_2CH_2\}_n$

polyethylene

3.3.3 アルキン

直線上分子，2本の弱い結合（π結合）と1本の強い結合（σ結合）からなる。反応はアルケンに類似している。

■ 付加反応

$HC\equiv CH \xrightarrow{HCl}$ （CHCl=CH₂）

$\xrightarrow{Br_2}$ （CHBr=CHBr）

3.3.4 アルコール

水酸基は水素結合をつくるので同じ分子量の化合物に比べ沸点が高く，炭素鎖の短いものは水に溶ける（炭素数が増えるにつれて水に溶けにくくなる）。水酸基は強い塩基には酸として働く。

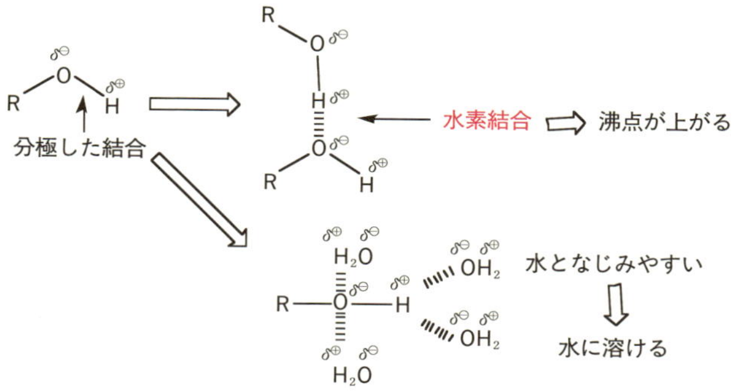

3 有機化合物の分類と IUPAC 命名法　39

[図: 分極した結合 → 水素結合 ⇒ 沸点が上がる／水とのなじみやすい ⇒ 水に溶ける]

■ 塩基との反応

$$C_2H_5OH \xrightarrow{NaH} C_2H_5ONa + H_2$$

アルコール水酸基は強い塩基には酸として働く

また，第一級アルコールと第二級アルコールはそれぞれ酸化によりアルデヒドとケトンに変換される*。体内に入ったエタノールは酸化されアセトアルデヒドを経由し，二酸化炭素に変換される。

* アルデヒドはさらに酸化されてカルボン酸まで変換される（3.3.6 参照）。

$$RCH_2OH \xrightarrow{(O)} RCHO$$
第一級アルコール　　アルデヒド

$$R_2CHOH \xrightarrow{(O)} RCOR$$
第二級アルコール　　ケトン

3.3.5 エーテル

沸点が比較的低い。アルコールの構造異性体であるが水酸基がないためアルコールとは性質が異なる。

3.3.6 アルデヒド

第一級アルコールの酸化体で，さらに酸化されてカルボン酸になる（3.3.4参照）。

$$C_2H_5OH \xrightarrow{(O)} CH_3CHO \xrightarrow{(O)} CH_3CO_2H$$

カルボニル基は極性のある官能基であり，親水的な性質を有するため，炭素鎖の短いアセトアルデヒドのようなアルデヒドは水に溶解する。

3.3.7 ケトン

第二級アルコールの酸化によって合成される（3.3.4参照）。アルデヒドのようにさらなる酸化は受けない。アセトンは溶剤として重要な化合物である。アルデヒドと同様，アセトンのような炭素鎖の短いケトンは水に溶解する。

3.3.8 カルボン酸

アルデヒドがさらに酸化されることによりカルボン酸が得られる。カルボキシル基の水酸基はアルコールよりも強い酸として働く（重曹水とも反応する）。

■ 重曹水との反応

$$RCO_2H + NaHCO_3 \longrightarrow RCO_2Na + H_2CO_3 \Longrightarrow H_2O と CO_2 に分解$$

さらに，カルボキシル基はアルコールと同様，水素結合を形成する能力を有するため，カルボン酸の沸点は比較的高い。また，カルボキシル基はアルコールと同様，親水性基であるため，酢酸のような炭素鎖の短いカルボン酸は水に溶解する。

3.3.9 エステルと油脂

アルコールと酸の縮合物（2分子より水が脱離したもの）をエステルという。特に断りのない場合はカルボン酸エステルを示す。

■ エステルの合成

$$RCO_2H + R'OH \xrightleftharpoons{H^+} RCO_2R' + H_2O$$

■ ポリエステル

$$n\ HO_2C\text{-}C_6H_4\text{-}CO_2H + n\ HOCH_2CH_2OH \xrightarrow{\text{エステル化}} HO\text{-}[CO\text{-}C_6H_4\text{-}COOCH_2CH_2O]_n$$

テレフタル酸 ＋ エチレングリコール → polyethyleneterephthalate (PET)

エステルは酸，塩基による加水分解を受けやすく，特に塩基による加水分解ではカルボン酸塩が生成し，このカルボン酸塩はミセルを形成することにより水に溶解する。植物油から作られる石けんは*油脂のアルカリ加水分解（けん化）により得られたものである。

---

* 石けん：広義には脂肪酸の金属塩の総称であるが，最も普通にはナトリウムやカリウムなどのアルカリ金属塩を指す。アルカリ石けんは水溶性で安定な泡を生じ，長鎖アルキル部分が汚れ成分である油分をくるみ込み，付着物から除去洗浄する。

■ けん化

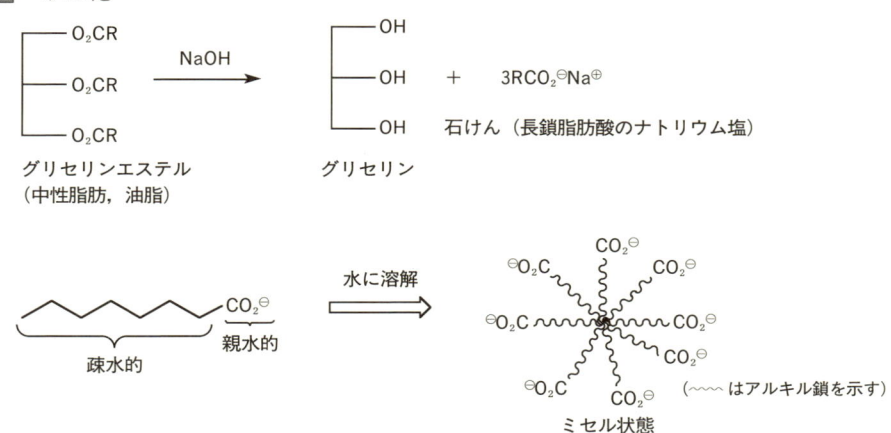

グリセリンエステル（中性脂肪，油脂） + NaOH → グリセリン + $3RCO_2^{\ominus}Na^{\oplus}$ 石けん（長鎖脂肪酸のナトリウム塩）

疎水的 — 親水的 $CO_2^{\ominus}$ 水に溶解 → ミセル状態（〜〜はアルキル鎖を示す）

3.3.10 芳香族炭化水素

特異な共役二重結合を有する環状化合物でアルケンよりもかなり安定である。アルケンのような付加反応は起こさず，置換反応を起す。また，芳香族系アルコールであるフェノールは通常のアルコールよりも高い酸性度を示す。

■ 置換反応により種々の置換基の導入が可能

C_6H_5-H + HNO_3 →(H_2SO_4)→ C_6H_5-NO_2　ニトロ化

C_6H_5-H + H_2SO_4 → C_6H_5-SO_3H　スルホン化

C_6H_5-H + Cl_2 →（鉄粉）→ C_6H_5-Cl　塩素化

■ フェノール

芳香族アルコールであるフェノールは通常のアルキルアルコールよりも高い酸性度を示し，通常のアルキルアルコールと反応しない水酸化ナトリウム水溶液と反応してナトリウムフェノラートを生成する。

C_6H_5-OH + NaOH → C_6H_5-$O^{\ominus}Na^{\oplus}$

3.3.11 アミンとアミド

アミンは塩基性化合物であり，塩化水素などの酸と塩を形成する。アミドはアミンとカルボン酸との縮合反応により形成される。生体内のタンパク質はこのアミドに分類される高分子化合物である。

■ 酸との反応

C$_6$H$_5$-NH$_2$ + HCl ⟶ C$_6$H$_5$-NH$_3^\oplus$Cl$^\ominus$

■ カルボン酸との縮合

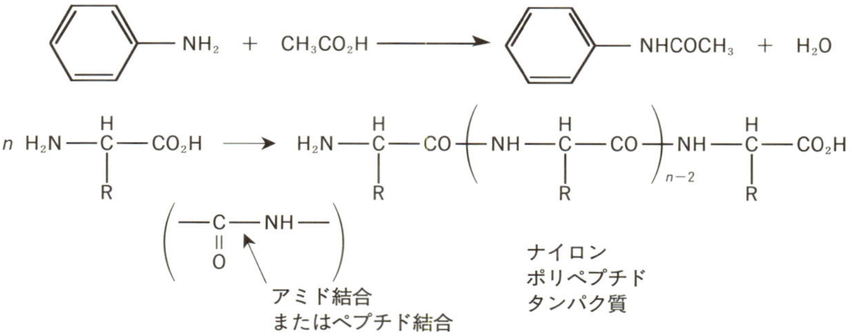

C$_6$H$_5$-NH$_2$ + CH$_3$CO$_2$H ⟶ C$_6$H$_5$-NHCOCH$_3$ + H$_2$O

n H$_2$N-CHR-CO$_2$H ⟶ H$_2$N-CHR-CO-(NH-CHR-CO)$_{n-2}$-NH-CHR-CO$_2$H

(-C(=O)-NH-) ← アミド結合またはペプチド結合

ナイロン
ポリペプチド
タンパク質

> **まとめ**

慣用名と IUPAC 名を用いて，あらゆる有機化合物の分子構造に名称を付けることができることを学んだ。その際，分子内に共通して存在する官能基に基づいて分類したので，それぞれの化合物群に特有の反応性や物理化学的性質が学習し整理しやすくなったことだろう。つぎの章では，その官能基により分類したアルケン類とアルキン類について学ぶ。

> **章末問題 3**

問3.1 それぞれの化合物を IUPAC 命名法で命名せよ。

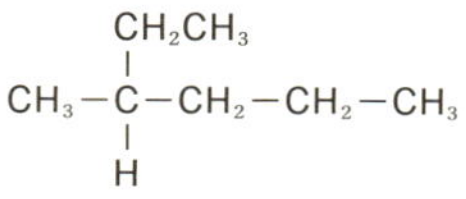

1, 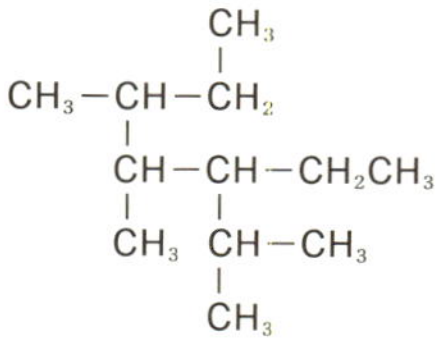 2, 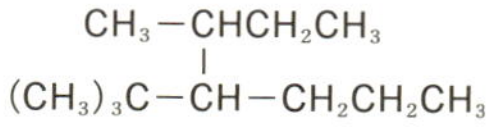 3, 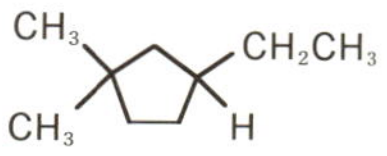 4, 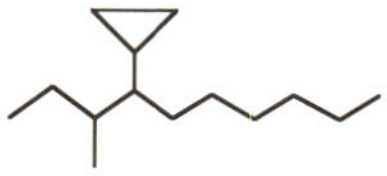 5, 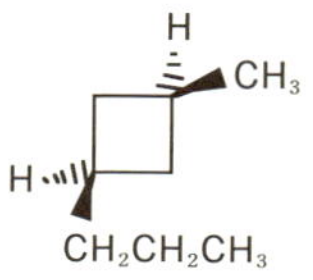 6

$$\text{CH}_3\text{C}(\text{CH}_3)_2\text{CH}(\text{CH}_2\text{CH}_3)\text{CH}_2\text{CH}_2\text{CH}(\text{CH}_3)_2$$
7

8

9

10

問 3.2 例にならい，それぞれの化合物の分子構造を示し，官能基別に分類せよ。

（例）プロパン：アルカン

(a) エチルシクロヘキサン (b) *cis*-2-ブテン (c) 1-ブチン (d) 2,3-ジメチル-4-プロピルノナン (e) 1-ブロモ-1-フェニルブタン (f) エチル メチル アミン (g) 酢酸エチル (h) オクタノール (i) シクロヘキサノン (j) アセトアニリド (k) アリルアルコール (l) 塩化ベンジル (m) 4,4-ジメチル-1-ニトロペンタン (n) 1,2-ジブロモ-3-メチルオクタン (o) 2,2,2-トリクロロエタノール

問 3.3 それぞれの化合物の構造式を示せ。

(a) *m*-ジブロモベンゼン (b) 2,4-ジクロロフェノール (c) 2-ブロモ-3-ヘキシルチオフェン (d) 安息香酸メチル (e) ジフェニルアミン (f) アニソール (g) *o*-クレゾール (h) 2,4,6-トリニトロフェノール (i) *m*-ニトロベンズアルデヒド (j) 2-クロロピリジン

問 3.4 つぎの各組について，それぞれを区別する方法を説明せよ。

(1) $\text{CH}_3\text{CH}_2\text{CH}_2\text{CH}_2\text{OH}$　　$\text{CH}_3\text{CH}_2\text{OCH}_2\text{CH}_3$
(2) *o*-キシレン　　*m*-キシレン　　*p*-キシレン
(3) フェノール　　トルエン　　安息香酸
(4) *cis*-1,2-ジクロロエチレン　　*trans*-1,2-ジクロロエチレン
(5) アセトン　　プロパナール

問 3.5 4種類の化合物 1〜4 のエーテル混合溶液がある。これに適当な操作を繰り返して，それぞれの化合物に分離するにはどのようにすればよいか，説明せよ。

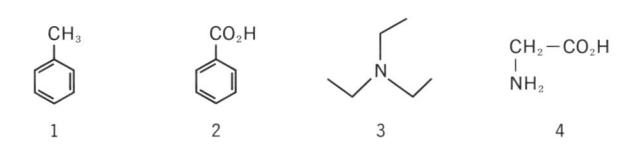

1　　2　　3　　4

4 アルケンとアルキンの化学

　飽和炭化水素（アルカン）については先に学んだ。ここでは不飽和炭化水素化合物であるアルケン（alkene）とアルキン（alkyne）について学ぶ。官能基別に分類されたアルケン類とアルキン類について、立体構造、反応性および多くの関連反応から見出された経験則をながめよう。同時に、不飽和結合をもつ化合物から形成される反応中間体の構造や性質についても、しっかりと学んで欲しい。

4.1　アルケンとアルキンの混成軌道と立体構造

　アルカンの立体構造は構成する炭素の sp^3 混成軌道によるものであることを第2章で学習した。アルケンおよびアルキンの不飽和結合を構成している炭素はどのように結合を形成しているのであろうか。まず初めにアルケンの不飽和結合を形成している炭素の軌道について見てみたい。アルケンの炭素原子は sp^2 混成軌道をとっている（図4.1）。結合には図4.1に示したように混成軌道どうしからなる σ 結合[*1]と p 軌道からなる π 結合[*2]の二種類が存在する。つまり、二重結合間の炭素原子は1本の σ 結合と1本の π 結合で結ばれていることになる。π 結合の電子は σ 結合の電子に比べ高いエネルギー準位にあるので比較的反応性に富む。アルケンの反応は主にこの π 結合が関与する反応である。また、2個の炭素原子は2本の結合で結ばれているために回転することはできない。

[*1] σ 軌道：メタン分子やエタン分子の C–C，C–H 結合のように，一重結合に寄与する電子，σ 電子の状態を表す一電子波動関数のことを言い，結合軸上での軌道の重なりであるので結合軸の周りの電子雲の重なりも大きく，結果として，結合エネルギーも大きい。

[*2] π 軌道：σ 結合の他に，分子面に垂直な方向に伸びる炭素の p 軌道どうしが，分子面の上と下でそれぞれ横方向に重なってつくる電子軌道を言い，C=C 二重結合のうち1本に相当する。σ 軌道に比べると，電子雲の重なりが小さいので，結合エネルギーも小さい。よって，反応性が高く，外部刺激に対して敏感に応答する。

4 アルケンとアルキンの化学

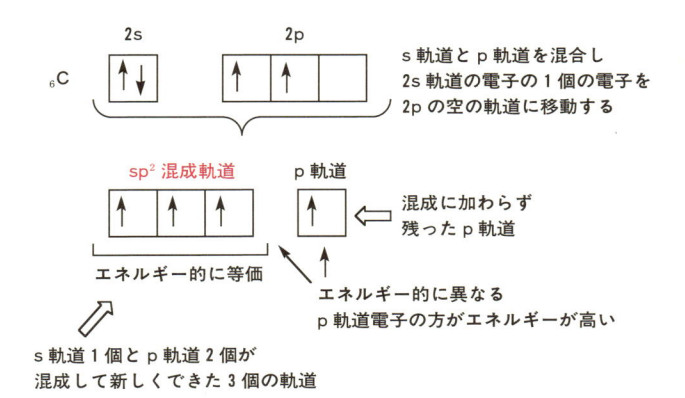

図4.1　sp² 混成軌道の形成
2s 軌道 1 個と 2p 軌道 2 個が混じり合ってできる 3 個の sp² 混成軌道と混成に加わらなかった 1 個の 2p 軌道それぞれに電子が 1 個ずつ収容されている。

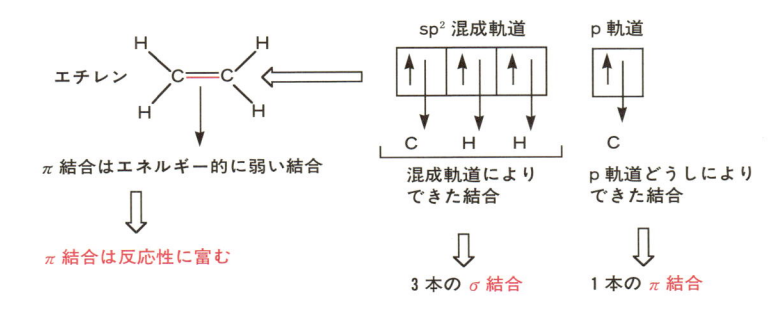

図のように 3 本の σ 結合のエネルギー準位はおおよそ等しく、軌道内の電子のマイナス電荷に由来する静電的反発を最小限にするように炭素を中心にこの 3 本の結合は空間的に均等に配置されなければいけない。すなわちアルケンは平面構造をとっており、1 つの結合角は約120°となっている（図4.2）。高い順位の p 軌道はこの平面に直交するように突き出している。

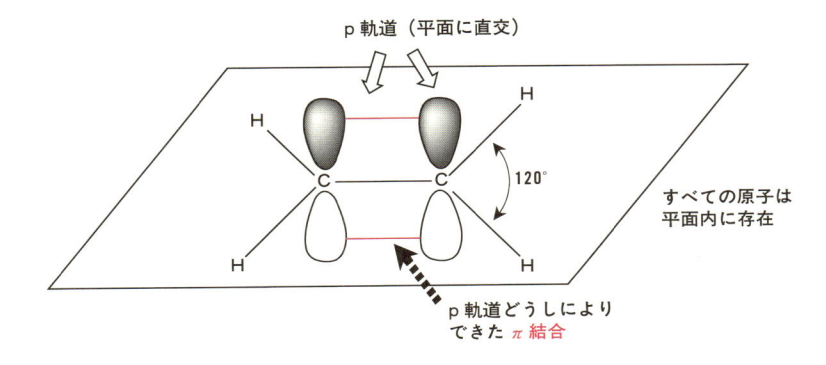

図4.2　sp² 混成軌道炭素-炭素結合から成るエチレン分子の平面構造

つぎにアルキンの三重結合を形成する炭素の電子配置についてみてみたい。アルキンの炭素原子は sp 混成軌道をとっている（図4.3）。結合にはアルケンと同様に混成軌道からなる σ 結合と p 軌道からなる π 結合の二種類が存在する。三重結合間の炭素原子の場合，1本の σ 結合と2本の π 結合で結ばれていることになる。C−H 結合と C−C 結合に関する2本の σ 結合のエネルギー準位はおおよそ等しく，軌道内の電子のマイナス電荷に由来する静電的反発を最小限にするように，この2本の結合は炭素を中心に空間的に均等に配置されなければいけない。すなわちアルキンは直線構造をとっており，高い準位の2個の p 軌道は直交するように突き出している（図4.4）。

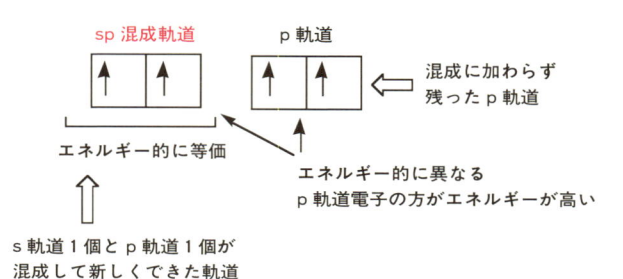

図4.3　sp 混成軌道の形成
2s 軌道1個と 2p 軌道1個が混じり合ってできる2個の sp 混成軌道と混成に加わらなかった2個の 2p 軌道それぞれに電子が1個ずつ収容されている。

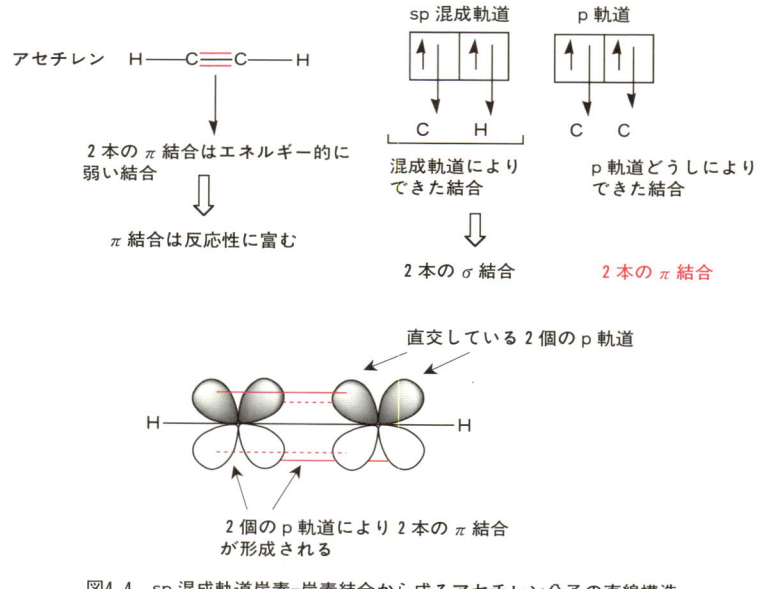

図4.4　sp 混成軌道炭素−炭素結合から成るアセチレン分子の直線構造

4.2 アルケンの反応

4.2.1 求電子付加反応

アルケンの炭素−炭素二重結合は，前述のように π 結合と σ 結合から形成されている。π 結合を形成する 2 個の電子のエネルギー準位は σ 結合電子のエネルギー準位よりも高く反応性に富む。つぎにこの 2 個の電子が関与する求電子付加反応についてみてみたい。

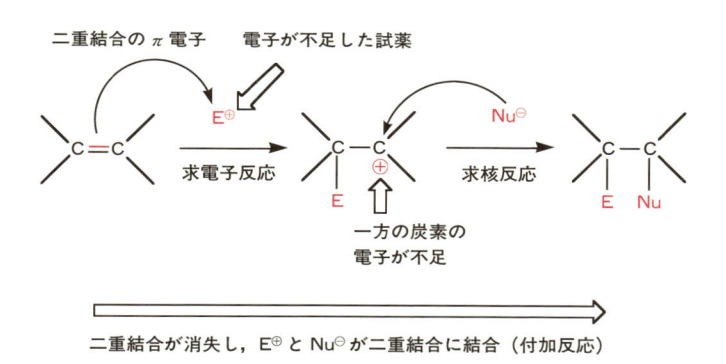

上述のようにアルケンの π 結合を形成する 2 個の電子は反応性に富む。このため，電子が不足した試薬（求電子試薬；electrophile：$E^⊕$ で表記）と出会うと，この試薬に電子を提供し，共有結合を作る。この反応を求電子反応（electrophilic reaction）という。求電子反応を行うと π 結合を形成していた片側の炭素は電子が不足し，電子を豊富に持つ試薬（求核試薬；nucleophile：$Nu^⊖$ と表記）と反応しやすくなり，この試薬と結合を形成する（図4.5）。つまり，炭素−炭素二重結合が消失し，二重結合を形成していた 2 つの炭素に新たに 2 つの基（E と Nu）が結合することとなる。このような反応を付加反応（addition reaction）という。反応過程をもう一度振り返ると求電子的に反応が開始し，付加反応が起こるということになる。このことからこの反応形式を求電子付加反応（electrophilic addition reaction）という。

図4.5 求電子付加反応における進行過程

求電子付加反応には求電子試薬と求核試薬が組み合わさった試薬をもちいる。エチレンに対する種々の試薬の求電子付加反応を見てみたい。

■ ハロゲン化水素の付加

■ ハロゲンの付加

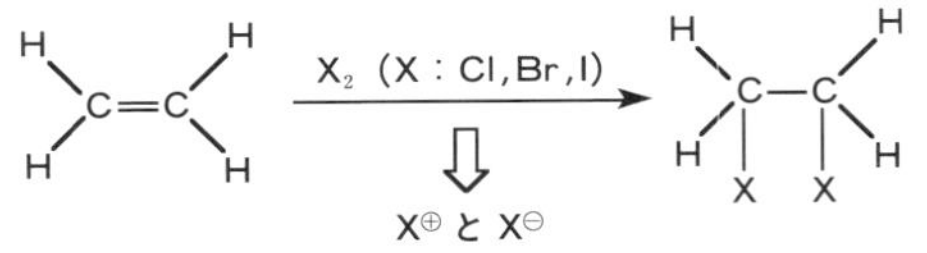

■ ハロゲンと水の付加

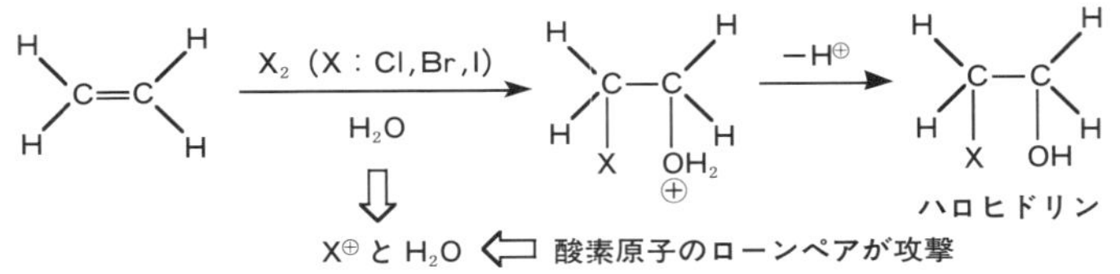

■ 硫酸の付加

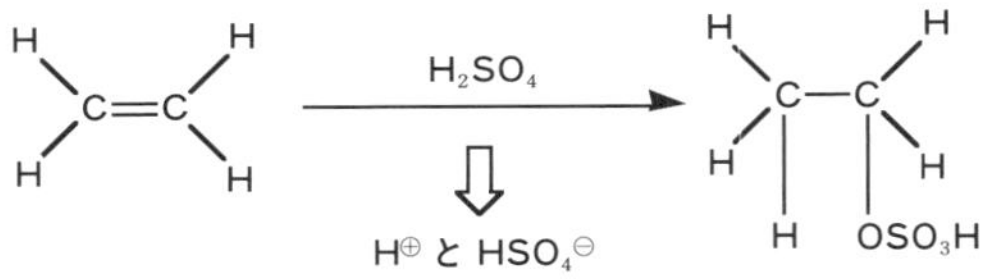

■ 酸触媒による水の付加

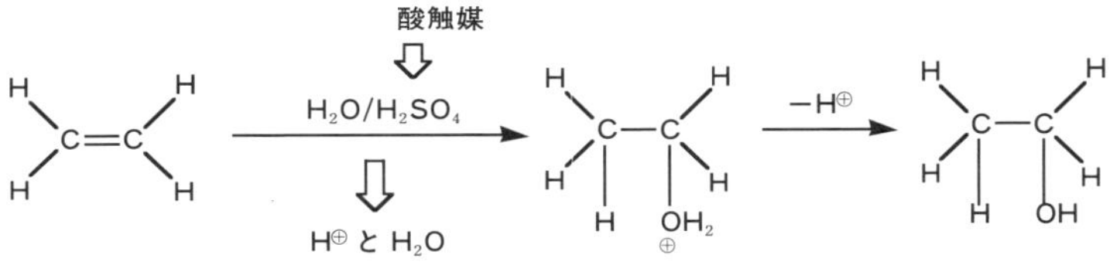

■ ボラン（BH_3）*の付加

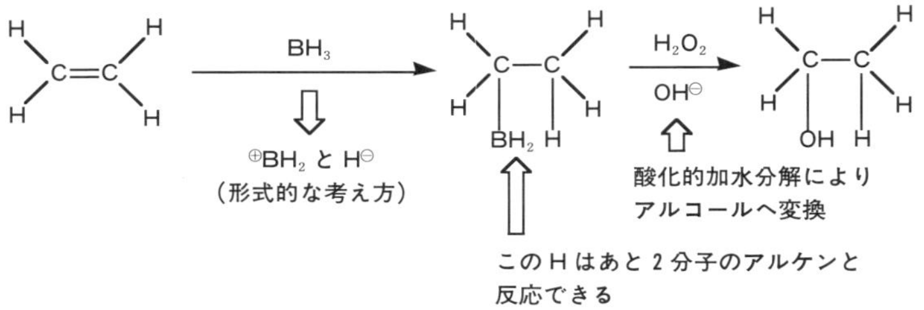

* ボラン：水素化ホウ素の総称であり，B_pH_qの一般式で表される。中でも，$p=2$, $q=6$のジボランは，2個の水素がホウ素原子核を橋掛けした珍しい構造をしており，湿った空気中で爆発的に分解する。その高い反応性のために有機合成にも利用され，オレフィンやアセチレンと容易に反応して多くの有機ホウ素化合物が合成されている。

つぎにシクロアルケンへの求電子付加反応を考えてみたい。シクロアルケンに求電子付加反応が起こる際，求電子試薬と求核試薬の反応の方向が異なると生成物が異なる。シクロヘキセンを例にみてみると，つぎのような2つのシクロヘキセン誘導体が生成する可能性があることに気がつくであろう。

ハロゲンカチオンが関与する付加反応では橋かけカチオンを形成するために，求核剤が求電子剤の反対方向から反応が起こり，トランス付加した生成物が主に生成する。また，ボランの反応は同方向から求電子試薬と求核試薬との反応が同時進行するのでシス付加した生成物が特異的に生成する。

ここまでは主に左右対称なアルケンの求電子付加反応について考えてきた。左右非対称な二重結合を有するアルケンへ非対称な試薬を求電子付加した場合について考えてみたい。1-ブテンに対する臭化水素の付加を考えた場合，生成物として2種類の化合物が考えられる（式4-1）。

実際にどちらの生成物が多く得られるのだろうか。ここで求電子付加反応の反応機構をもう一度みてみよう。求電子付加反応では求電子反応が起こり，カルボカチオン（carbocation）がまず生成する。ついで求核試薬の攻撃が起こる。一般にカルボカチオン，カルボアニオン，カルボラジカルなどの反応中間体（reaction intermediate）は不安定であり，これらの生成はエネルギー的に不利であるため，これらの中間体が生成するような反応では，少しでも安定な中間体を経由した方が反応の進行には有利である。

つまり，2種のカチオンの生成エネルギーに違いがある場合，より安定なカチオン中間体を経由した生成物が主生成物として得られる。反応座標で中間体の安定性と生成物との関係を見てみよう（図4.6）。ここで，生成する化合物の間のエネルギー的な差はわずかであると仮定する。反応を意識すると難しく感じるかもしれないので，図4.6に示した反応座標を見ながら山を越え，ある2つの経路のどちらかで歩いて移動することをイメージしてもらいたい。途中登らなければいけない山の高さが，高い場合と低い場合，どちらか一方を選ぶとすれば，通常どちらの経路を選ぶであろうか？

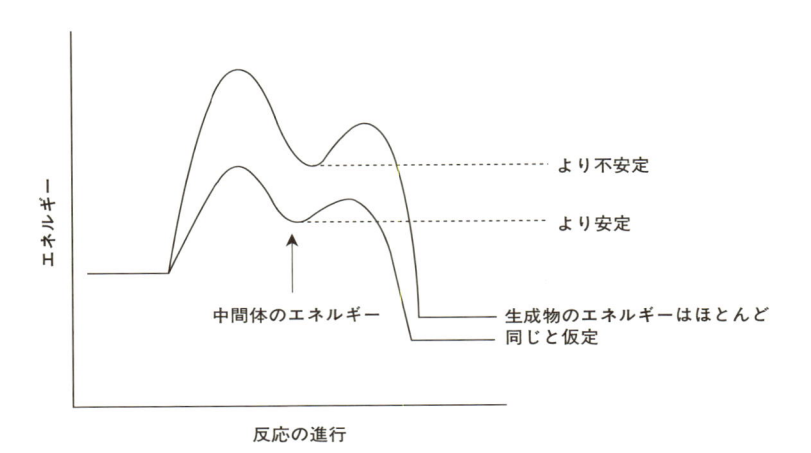

図4.6 求電子付加反応の反応座標

多くの人がなるべく低い山を経由する経路を選ぶであろう。このことを反応に当てはめなおすと，いずれかの中間体を経由し生成物に至る場合，活性化エネルギーが低くてすむ中間体を経由した方がエネルギー的に有利であるということになる。つまり，主生成物を予測する場合，中間体の安定性の考察が必要になるのである。

つぎに，カルボカチオン等の中間体の安定性について考えてみたい。中間体は通常の状態と比較して，電子が多い（アニオン），電子が少ない（カチオン），不対電子を持っている（ラジカル）など，通常と異なる状態をもっている。これが不安定な原因であるので，この通常と異なる状態を少しでも緩和するような効果を受けることにより安定化する。例えばカチオンの場合，電子が不足しているので，ここへ電子の供給を受け電子が不足した状態を他の原子へ分散させると安定になる。また，不飽和結合を介して不安定な電子状態を他の原子上へ移動させることによっても安定となる。これらのように，不安定な電荷を他の原子上に分散させることを非局在化 (delocalization) という。この非局在化の起こり方には，σ結合を介したものとπ結合を介したものの2種類がある。前者の効果を誘起効果(inductive effect）といい（図4.7），後者を共鳴効果（resonance effect）（図4.8）という。

■ 誘起効果

共有結合を介して電子の供給を受け，電子が不足した不安定な状態を他の原子に分散させる

共有結合を介して電子が奪われ，過剰な電子が局在化した不安定な状態を他の原子に分散させる

カルボカチオン　　　　カルボアニオン

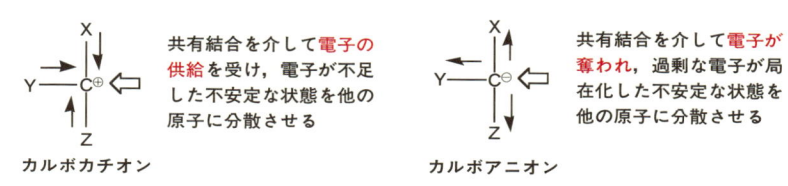

図4.7　カルボカチオンとカルボアニオンに及ぼす誘起効果

■ 共鳴効果

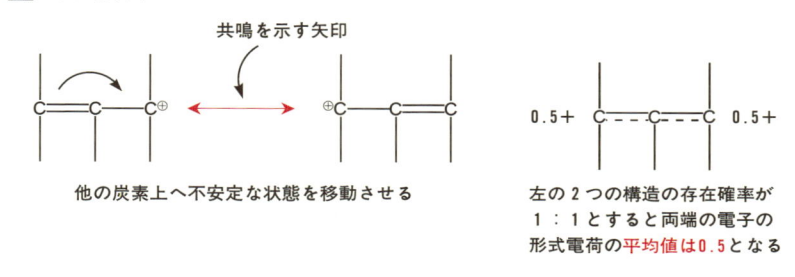

共鳴を示す矢印

他の炭素上へ不安定な状態を移動させる

左の2つの構造の存在確率が1：1とすると両端の電子の形式電荷の平均値は0.5となる

（共鳴では原則として，電子の移動により各原子を分離してはいけない

共鳴ではない

2つに分離）

図4.8　カルボカチオンに及ぼす共鳴効果

それでは話題を戻し，1-ブテンへの臭化水素の付加について考えてみよう。

1-butene　　　　　　　　　　　　　　　　　2-bromobutane

or

1-bromobutane

1-ブテンにプロトンが付加する際，2種のカルボカチオンが生成すると考えられる。カルボカチオンの構造をよく見てみると，カチオン炭素に結合しているアルキル鎖の数が違うことに気がつくであろう。アルキル鎖はカチオンの安定化にどのような効果をもたらすのであろうか。アルキル基は水素原子と炭素原子からなる基である。炭素原子と水素原子では電気陰性度において炭素原子の方がわずかに大きな電気陰性度をもち，炭素-水素原子間の共有結合電子は若干炭素側に偏る。これにより，アルキル鎖の炭素は電子的に満たされ，グループとして電子を結合相手に σ 結合を介して供与する能力を持つ。つまり，アルキル鎖は電子供与性（electron-donating）の誘起効果をもつことになる。

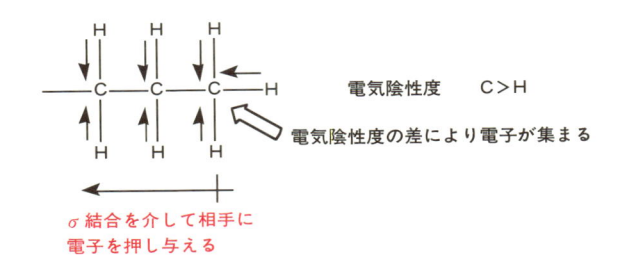

カチオンの場合，電子供与を受けた方が安定となるので，より多くのアルキル鎖が結合した方が安定となる*。カルボカチオンはカチオン炭素に結合しているアルキル鎖の数により，第一級，第二級，第三級カルボカチオンに分類され，安定性は第一級＜第二級＜第三級の順になる（図4.9）。

カルボカチオンの安定性
第一級＜第二級＜第三級

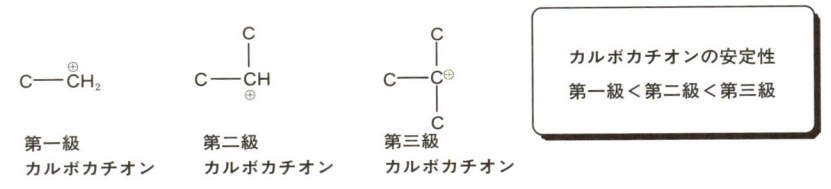

図4.9　カルボカチオンの安定性の順序

これらをもとに考えると，1-ブテンへの臭化水素の付加反応は第二級カルボカチオンを経由する2-ブロモブタンが主に生成することが予想される。このように非対称な二重結合を有するアルケンへの非対称な試薬の求電子付加反応では途中に生成するカルボカチオンの安定性を考察することにより主生成物を予測することが可能である。

V. Markovnikov（マルコウニコフ）はアルケンへのHXの付加反応において，H⊕はアルケンの二重結合炭素のうちHが多く結合した炭素の方に付加する傾向があることを見いだした。この規則をマルコウニコフ則という。

*カルボカチオンの超共役による安定化：アルキル基は，電子が充填された σ 軌道をもっており，この σ 軌道が正電荷をもった炭素原子上の空の p 軌道と平行に重なることによって，わずかに電子を供与することが知られている。この p 軌道と σ 軌道との間の重なりを超共役と呼ぶ。この効果は，水素原子を多くもつものほど大きくなるが，誘起効果や共鳴効果によるカルボカチオンの安定化に比べれば小さい。

：超共役

4.2.2 ラジカル付加反応　～ラジカル反応による臭化水素の付加～

つぎにラジカル反応による付加反応を見てみよう。炭素-炭素二重結合にはラジカル的な付加反応も起こる。その過程をつぎに示した。ラジカル反応には光を用いるかラジカルを発生するラジカル開始剤を用いる。これにより，生成したラジカルは臭化水素から水素原子を引き抜き，臭素ラジカルを生成する。これが炭素-炭素二重結合へ付加し，炭素ラジカルを生成する。

生成した炭素ラジカルは臭化水素から水素原子を引き抜き，臭化水素の付加が完了する。生成した臭素ラジカルは再びアルケンとの反応を起こす。付加生成物において，臭素の付加位置が求電子付加反応の生成物と逆になっていることに注目してもらいたい（逆マルコウニコフ付加）。これはまず臭素ラジカルの付加が先に起こり，ラジカルの安定性がカルボカチオンと同様，第一級＜第二級＜第三級の順に安定になることに起因するものである。

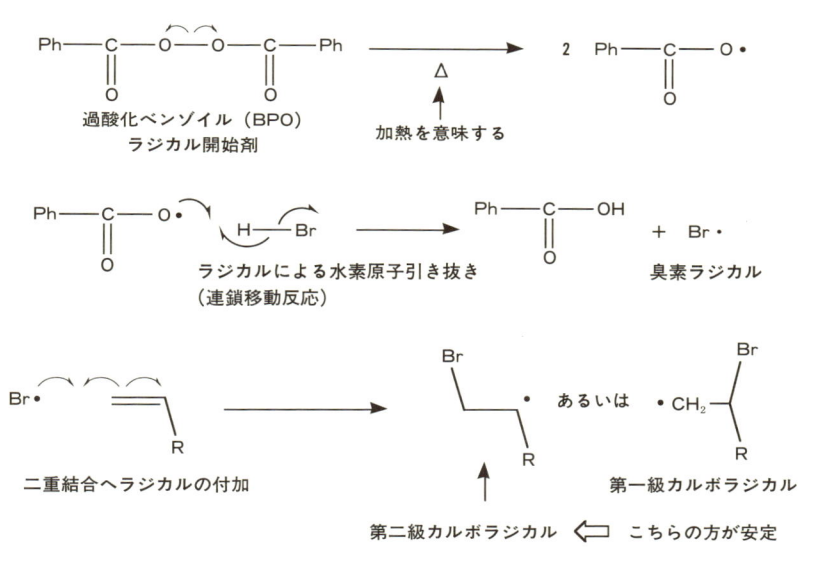

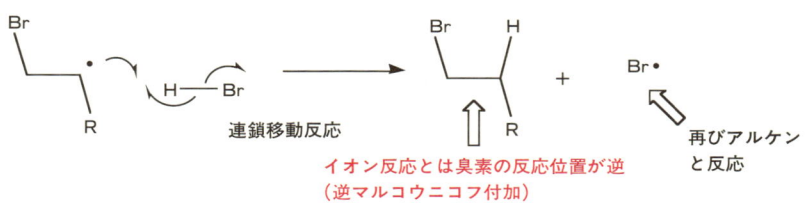

過酸化ベンゾイル（BPO）
ラジカル開始剤
加熱を意味する

ラジカルによる水素原子引き抜き
（連鎖移動反応）
臭素ラジカル

二重結合へラジカルの付加
第二級カルボラジカル　⇐　こちらの方が安定
第一級カルボラジカル

連鎖移動反応
再びアルケンと反応
イオン反応とは臭素の反応位置が逆（逆マルコウニコフ付加）

4.2.3 アルケンの酸化反応と還元反応

アルケンの酸化反応（oxidation reaction），還元反応（reduction reaction）を学ぶ前に有機化合物の酸化反応，還元反応の見分け方*を学んでおきたい。つぎのように考えると酸化反応と還元反応を容易に見分けること

---

*　酸化と還元のもう1つの見方：酸素と水素に着目するのとは別に，電子の増減による見方もある。電子が奪われるとき，酸化されたとし，逆に与えられるとき，還元されたとする。広義には，注目する原子上の電子密度の増減にも当てはめてよい。炭素-水素結合が炭素-塩素結合に変わったとき，炭素上の電子密度は減少したことになるので，炭素原子は酸化されたことになる。もちろん，炭素-酸素結合に変わったときも炭素原子は酸化されたのである。

ができる。
　反応前と反応後の有機化合物の酸素原子および水素原子の数に着目し，水素原子の数が減少もしくは酸素原子の数が増加している場合，酸化が起こったと判断する。還元はこの逆である。

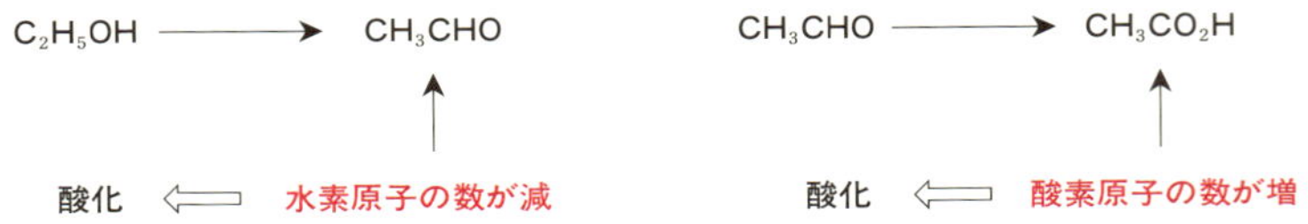

$$C_2H_5OH \longrightarrow CH_3CHO \qquad CH_3CHO \longrightarrow CH_3CO_2H$$

酸化 ⟸ 水素原子の数が減　　　酸化 ⟸ 酸素原子の数が増

　それでは実際にアルケンの還元反応と酸化反応を見てみよう。
　アルケンを白金などの金属触媒存在下，水素ガスと反応させることによりアルカンが得られる。この還元反応は水素添加反応（hydrogenation reaction）とも呼ばれる。2個の水素原子は金属触媒の作用によりアルケンの同じ側から同時に付加する（イオン的な反応ではない）。つまり，1,2-ジメチルシクロヘキセンのような化合物ではシス体を特異的に与える。

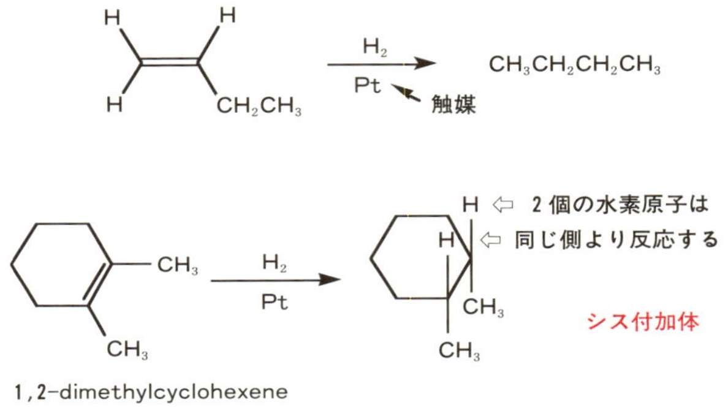

$$\text{アルケン} \xrightarrow[\text{Pt 触媒}]{H_2} CH_3CH_2CH_2CH_3$$

1,2-dimethylcyclohexene $\xrightarrow{H_2, Pt}$ シス付加体

（2個の水素原子は同じ側より反応する）

　つぎに酸化反応を見てみよう。アルケンを酸化すると1,2-ジオールもしくは2種類のカルボニル化合物を与える。

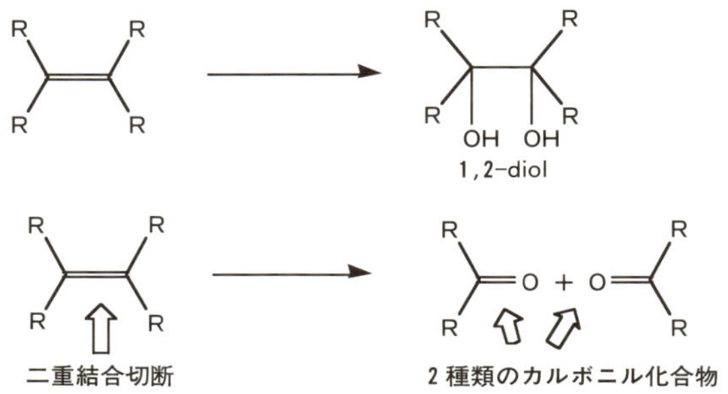

アルケン → 1,2-diol

アルケン →（二重結合切断）2種類のカルボニル化合物

　それぞれの反応についてもう少し詳しく見てみよう。
　1,2-ジオールは，アルケンを過マンガン酸カリウムの冷希釈溶液と塩基性条件下反応させることにより得られる。この際，水酸基は同じ側に結合

する。

　二重結合を切断し，2種のカルボニル化合物を合成するには，つぎの2つの方法がある。まずはオゾン分解（ozonolysis）を見てみよう。

　オゾン分解ではまずオゾンが二重結合に付加し，オゾニドを形成する（酸化反応）。ついで，これを還元することにより2種類のカルボニル化合物を与える。オゾン分解ではこの二段階の反応により二重結合が開裂し，2種類のカルボニル化合物を与える。

　つぎに酸性，加熱下，過マンガン酸カリウムと反応させる方法を見てみよう。この方法はオゾン分解と異なり，生成物に至るまですべて酸化条件下で反応が行われる。すなわち，この方法において酸化を受けやすいアルデヒドは得られず，生成したアルデヒドはすぐに酸化されカルボン酸となる。

4.3　アルキンの反応

4.3.1　付加反応

　アルキンに含まれる炭素-炭素三重結合についてもう一度簡単に見てみよう。炭素-炭素三重結合は1本の σ 結合と2本の π 結合から形成されている。4.2ではアルケンの π 電子が関与する反応について見てきた。アルキ

ンも同様にπ結合をもつということを考えると、アルケンとアルキンは類似の反応を起こすということが類推されるだろう。このことについていくつかの反応例を中心に見てみたい。まずは反応例として，アルキンへの臭化水素の求電子付加反応を示した（式4-2）。この例からわかるように，アルキンの求電子付加反応においてもマルコウニコフ生成物を与える。

$$H-\equiv-R \xrightarrow{HBr} \begin{array}{c} H \\ \diagup \\ H \end{array} C=C \begin{array}{c} R \\ \diagdown \\ Br \end{array} \quad (4\text{-}2)$$

マルコウニコフ生成物

つぎに，アルキンへの臭素付加と水素添加反応を見てみたい。これらの反応の特徴は，アルケンとの反応で学んだように立体特異的に反応が進行することであり，臭素はトランス付加，水素はシス付加し，臭素付加ではトランス体，水素添加ではシス体が生成する。

$$H-\equiv-R \xrightarrow{Br_2} \text{（トランス体）}$$

↑
トランス付加する

$$R-\equiv-R \xrightarrow{H_2, Pd} \text{（シス体）}$$

↑　　↑
シス付加する　Ptよりも活性が低い（リンドラー触媒）
（アルケンを生成）

水の付加反応を最後に見てみたい。アルキンへの水の付加反応は上述のようにマルコウニコフ生成物を与える。これにより水酸基が二重結合に結合したアルコールが得られる。このようなアルコールをエノールという。エノールは一般的に不安定な化合物であり，ただちに互変異性(tautomerism)*により，ケトンへ異性化する。

$$H-\equiv-R \xrightarrow[H_2SO_4, HgSO_4]{H_2O} \cdots \rightarrow \text{ケトン}$$

↑
活性化のための触媒

ene＋ol＝enol（エノール）
ケト-エノール互変異性

* 互変異性と安定なエノール：炭素-炭素二重結合よりも炭素-酸素二重結合の方が結合エネルギーが大きいので，一般的にはケト型異性体の方が安定であるが，エノール型として安定なものにフェノールがある。これは，炭素-炭素二重結合となることで芳香環が形成され，共鳴安定化効果（後述）により結合エネルギー損失が十分に補償されるためである。

これらの例のようにアルケンとアルキンの反応は若干異なる点もある

が，ほぼ類似していることに気がつくであろう．

4.3.2 アセチリドアニオン

炭素–炭素二重結合に結合した水素原子は一般的には不活性である。しかし，炭素–炭素三重結合に結合した水素原子は活性が高く，強い塩基により容易にプロトンとして引き抜かれる。これにより生成したアニオンをアセチリドアニオン（acetylide anion）といい，求核剤として有機合成にしばしば用いられている。この点はアルキンとアルケンの異なる点として認識しておいてもらいたい．

$$\text{H}_2\text{C}=\text{CHR} + \text{NH}_2^{\ominus} \nrightarrow {}^{\ominus}\text{HC}=\text{CR} + \text{NH}_3$$

$$\text{R}-\text{C}\equiv\text{C}-\text{H} + \text{NH}_2^{\ominus} \longrightarrow \text{R}-\text{C}\equiv\text{C}^{\ominus} + \text{NH}_3$$
アセチリドアニオン

4.4 共役ジエン，ポリエンの反応

4.2ではアルケンの反応について学んできた。ここでは炭素–炭素二重結合を2つ以上もっている化合物について考えてみたい。下記に炭素–炭素二重結合（以下断りのない限り二重結合と略す）を2つ以上含むケースをいくつか示す（見やすくするために炭素骨格のみを示してある）．

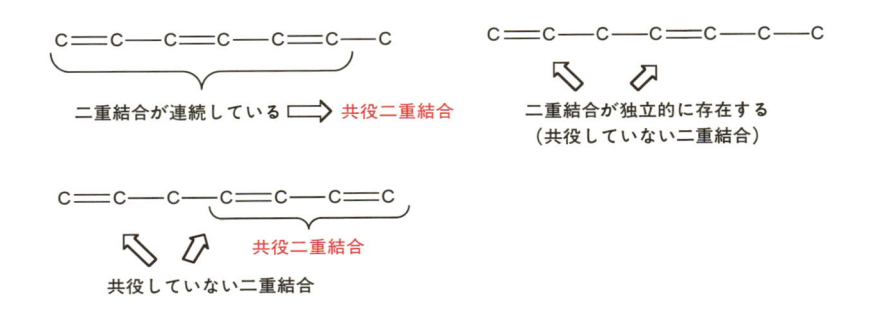

C=C–C=C–C=C–C 二重結合が連続している ⇒ 共役二重結合

C=C–C–C=C–C=C 二重結合が独立的に存在する（共役していない二重結合）

C=C–C–C=C–C=C 共役していない二重結合／共役二重結合

ここに示したように，二重結合には連続した二重結合と，連続していない二重結合に分類される。特に連続した二重結合のことを共役二重結合（conjugated double bond）といい，通常の二重結合と区別する。これは共役二重結合が通常のアルケンとは異なる反応性を示すからである．

共役ジエンが通常のアルケンとどのように異なる反応を起こすのかを，1,3-ブタジエンへの臭素の付加反応を例に見てみたい（図4.10）．

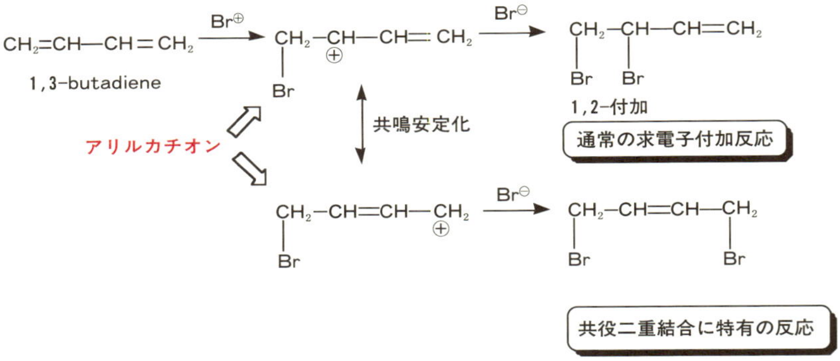

図4.10 1,3-ブタジエンと臭素との反応による1,2-および1,4-付加体の生成

臭素が付加する際，まず初めに求電子的な反応が起こり，カルボカチオンが生成する。このカルボカチオンにそのまま臭素アニオンが付加すれば通常の求電子付加反応生成物が得られてくる。しかし，1,3-ブタジエンのような共役二重結合の化合物では，生成したカチオンの隣に二重結合（アリルカチオン*1；allyl cation）が存在するために共鳴安定化が起こり，もう1つのカルボカチオンを与える。このカチオンに臭素アニオンが付加することにより通常の求電子付加反応生成物とは異なる生成物が得られる。このような付加反応を共役付加反応（conjugate addition reaction）*2 という。最初に付加する炭素を1番目と数えると，4番目の炭素でつぎの反応が起こるので，このような生成物のことを1,4-付加体もしくは共役付加体という。

つぎに共役ジエンとアルケンとの環化付加反応を見てみたい。環化付加反応（cycloaddition reaction）はイオン反応ではなく π 電子の重なりにより2本の結合が同時に新たに生成する反応である（協奏反応；concerted reaction）。特にジエン（4 π 電子系；二重結合を形成する π 電子の数が4個）とアルケン（2 π 電子系）による環化付加反応を発見者の名前にちなんで Diels-Alder 反応*3 という。この反応によりシクロヘキセン環をもつ化合物が生成するので，天然物などの環構造を合成するのに重要な反応である。反応には電子が豊富なジエンと電子が不足したアルケンの組み合わせがよく用いられる。

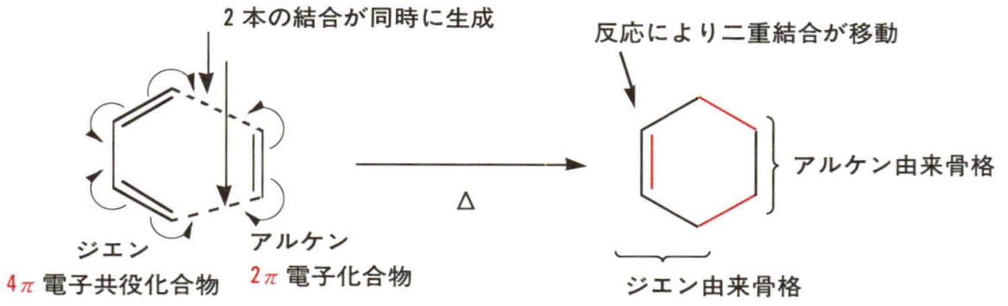

*1 アリル基とビニル基：$CH_2=CH-$ をビニル基（vinyl group）といい，$CH_2=CHCH_2-$ をアリル基（allyl group）という。アリル位（allyl position）とはアリル基の CH_2 炭素を示すが，広義では C=C の隣の炭素のことを指す用語である。

*2 Michael 付加反応：カルボニル基などの電子求引性基と共役した二重結合，三重結合にも共役付加反応が起こる。この場合，反応は求電子的に起こるのではなく求核的に起こり，試薬として求核剤が用いられる。この共役付加反応を Michael 付加反応という。

$$RS^{\ominus}\ CH_2=CH-COCH_3$$
$$RS-CH_2-CH=C-OCH_3 \xrightarrow{H^{\oplus}}$$
$$\quad\quad\quad\quad\quad\ O^{\ominus}$$
$$RSCH_2CH=COCH_3 \rightarrow$$
$$\quad\quad\quad\quad\ OH$$
$$RSCH_2CHCO_2CH_3$$

*3 Diels-Alder 反応：共役二重結合の1,4-位にアルケンまたはアルキン分子が付加してシクロヘキセン環を形成する反応であり，テルペンやビタミン類の合成に利用される。反応は立体選択的に進行してシス付加を行ない，また，無水マレイン酸とジエンは定量的に結晶性付加物を形成するから，これを利用して，ジエンを定量することもできる。

まとめ

アルケン類の二重結合は sp² 混成軌道から構成されて平面構造となり，アルキン類の三重結合は sp 混成軌道から構成されて直線構造となることを知った。また，これら不飽和結合化合物群に特有の求電子付加反応では，炭素陽イオン（カルボカチオン）や遊離基（ラジカル）の安定性が，生成物に至るまでの反応経路の優先性を決定することを学んだ。つぎの章では，二重結合が環状に共役したベンゼン環を含む芳香族化合物の化学を学ぼう。

章末問題 4

問4.1 アレンと呼ばれる分子がある。エチレンとアセチレンの分子構造を参考に，アレンの分子構造を混成軌道を用いて描き，その特徴を説明せよ。

$$CH_2=C=CH_2$$
アレン

問4.2 各反応生成物の構造を予想せよ（3.3で学んだ反応も含まれているのでわからない場合は調べてみよう）。

(1) $C_4H_{10} \xrightarrow[\Delta]{O_2}$ （生成物に係数を付けること）

(2) $CH_3-CH=CH_2 \xrightarrow{Br_2}$

(3) $CH_3-C\equiv CH \xrightarrow{Br_2}$

(4) シクロヘキサノール $\xrightarrow[H_2SO_4]{K_2Cr_2O_7}$

(5) $CH_3CO_2H + CH_3CH_2OH \xrightarrow{触媒量の H_2SO_4}$

(6) シクロペンテン $\xrightarrow[H_2O]{H_2SO_4}$

(7) (CH₃)₂C=C(CH₃)₂ $\xrightarrow[\text{ii)}H_2O_2, OH^{\ominus}]{\text{i)}BH_3}$

(8) p-キシレン $\xrightarrow[H_2SO_4]{HNO_3}$

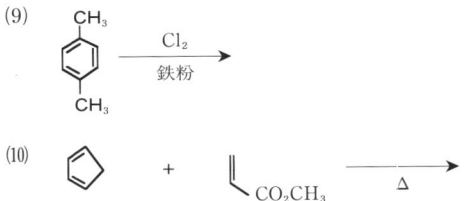

(9)
$$\underset{\text{鉄粉}}{\xrightarrow{\text{Cl}_2}}$$
(p-キシレン)

(10) シクロペンタジエン + CH$_2$=CH−CO$_2$CH$_3$ $\xrightarrow{\Delta}$

問4.3 各反応生成物の構造を予想せよ（3.3で学んだ反応も含まれているのでわからない場合は調べてみよう）。

(1) $CH_3-CH=CH_2$ $\xrightarrow{HBr}$

(2) $CH_3-C\equiv CH$ $\xrightarrow[\text{ii})H_2O]{\text{i})H_2SO_4,\text{触媒量のHgSO}_4}$

(3) 1-メチルシクロヘキセン $\xrightarrow[\text{ii})H_2O_2,OH^\ominus]{\text{i})BH_3}$

(4) $HOCH_2CH_2CH_2CH_2CO_2H$ $\xrightarrow[\text{触媒量のH}_2SO_4]{CH_3CH_2OH}$

(5) (CH$_3$)$_2$C=CHCH$_3$ $\xrightarrow[\text{ii})Zn/H_3O^\oplus]{\text{i})O_3}$

(6) PhCH=CHCH$_3$ $\xrightarrow[\Delta]{KMnO_4,H^\oplus}$

(7) トルエン $\xrightarrow[\text{紫外線照射}]{Br_2}$

(8) PhCH=CHCH$_3$ $\xrightarrow{Br_2}$

(9) Ph−C≡C−Ph $\xrightarrow[\text{Pd(リンドラー触媒)}]{H_2 (1\text{モル})}$

(10) (E,E)-2,4-ヘキサジエン + 無水マレイン酸 $\xrightarrow{\Delta}$

問4.4 構造未知のアルケン分子にオゾン分解を適用したところ、下に示す2種類のカルボニル化合物が得られた。この事実に基づいて、可能性のあるアルケン分子の構造を予想せよ。

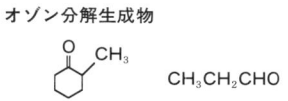

オゾン分解生成物

2-メチルシクロヘキサノン   CH$_3$CH$_2$CHO

問4.5 光を照射しながら，シクロヘキセンに過少量の臭素を反応させると，3-ブロモシクロヘキセンが生成する。反応機構とともに，二重結合のとなりの炭素上で臭素化が優先する理由を示せ。

cyclohexene → (Br₂, 紫外線照射) → 3-bromocyclohexene

問4.6 つぎの反応で生成すると考えられる構造式が示されている。この中から主生成物と副生成物をそれぞれ選べ。他の生成物が得られない理由とともに説明せよ。

$CH_2=CH-CH=CH_2$ $\xrightarrow{HBr}$

(1) $CH_2=CH-CHBr-CH_3$
(2) $CH_2=CH-CH_2-CH_2Br$
(3) $CH_3-CH=CBr-CH_3$
(4) $CH_3-CH=CH-CH_2Br$

5

芳香族化合物の化学

本章では，芳香族化合物の定義と求電子置換反応について学ぶ。求電子置換反応は，通常のアルケンには見られない特殊な反応であり，これを利用してかなり多くの化合物が合成できる。置換基の電子供与・求引性，共鳴構造式に支配される配向性について理解してもらいたい。

5.1 芳香族化合物とヒュッケル則

芳香族化合物 (aromatic compounds) は共役二重結合を有する化合物であるにもかかわらず通常の共役アルケンとは区別される。これは芳香族化合物が通常のアルケンに比べ非常に安定であり，化学的に異なる性質を持つためである。それでは芳香族化合物とアルケンとはどのように区別されるのだろうか。つぎにこの区別の仕方について見てみよう。

芳香族化合物となるにはつぎの2つの条件を満たさなければいけない。1つは環状に連なった共役二重結合を有する平面分子であることである。ただし，共役二重結合が環状になっていなくてもローンペア電子を含めて環状とみなせる場合はこの限りではない。

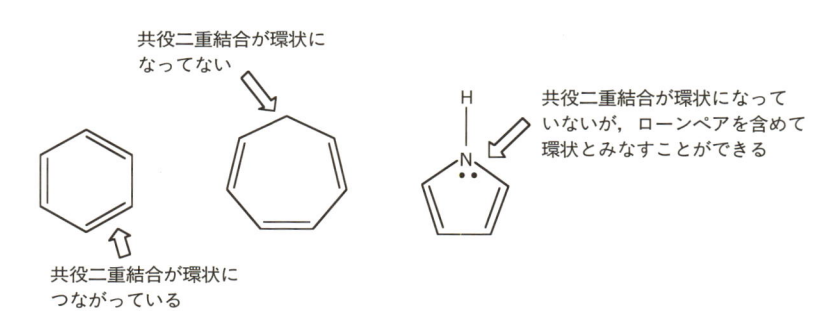

もう1つは環状の共役系の π 電子の数が $(4n+2)$ 個であることである（$n = 0，1，2…$；整数）。ローンペア電子を共役系の一部として見なし

た場合にはその電子もπ電子としてみなす。つまり，芳香族性 (aromaticity) を示すには 2，6，10，14…個の数の π 電子を持つことが必要となる。この規則を Hückel 則という。

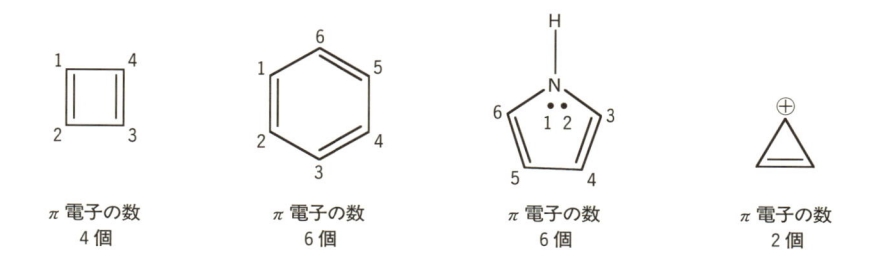

π 電子の数
4 個

π 電子の数
6 個

π 電子の数
6 個

π 電子の数
2 個

この 2 つの条件を満たす共役環状化合物が芳香族性を示すのである。この 2 つの条件を念頭に置き，第 3 章にあげた化合物が芳香族化合物に属することを各自で確認してもらいたい。

5.2 芳香族化合物と求電子置換反応

5.2.1 求電子置換反応

アルケンの特徴的な反応の 1 つは π 結合への求電子付加反応であった。では，アルケンと同様に π 結合を有する芳香族化合物はどのような反応をするのであろうか。芳香族化合物の代表であるベンゼンを例に，芳香族化合物の特徴的な反応の 1 つである求電子置換反応 (electrophilic substitution reaction) について見てみよう。ベンゼンはアルケンと同様に π 結合を有する化合物であるので，求電子剤と求電子反応を行い，カルボカチオンを生成する。経路 A のようにこのカチオンに求核剤が反応すると，アルケンと同様に求電子付加反応生成物を与える。しかし，ベンゼンにおいて実際にこの付加生成物は得られない。ベンゼンの場合には経路 A で反応が

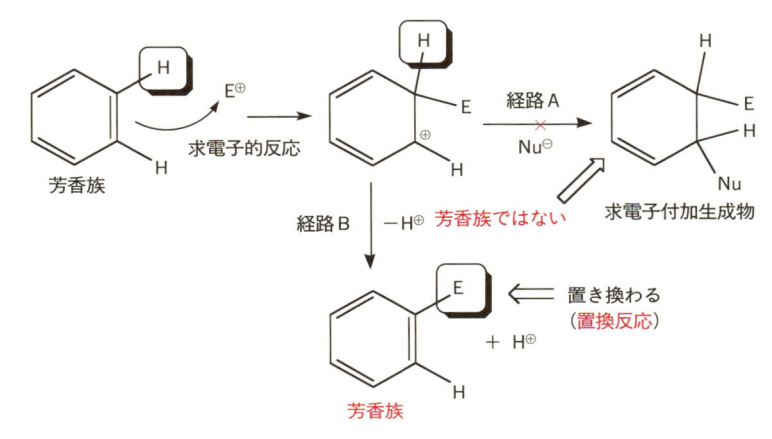

図5.1 ベンゼンにおける求電子付加反応と求電子置換反応

進行するのではなく，経路Bで反応が進行しプロトンが脱離する求電子置換反応が起こる（図5.1）。

では，どうして経路Bで反応が進行するのであろうか。アルケンと同じように求電子付加反応を起こした場合（経路A），芳香族であるベンゼンは反応後，芳香族でない化合物に変わる。これに対し経路Bで反応が進行した場合，反応後再び芳香族化合物を与える。芳香族化合物は5.1で述べたように非常に安定な化合物であるので，芳香族化合物が反応後芳香族性を失うよりも，芳香族性を維持した方がエネルギー的に有利である。このため芳香族化合物は求電子付加反応を起こさず求電子置換反応を起こすのである。

それでは求電子剤としてどのような試薬があるのであろうか。代表的な求電子剤との反応をつぎに見てみよう。

■ ハロゲン化

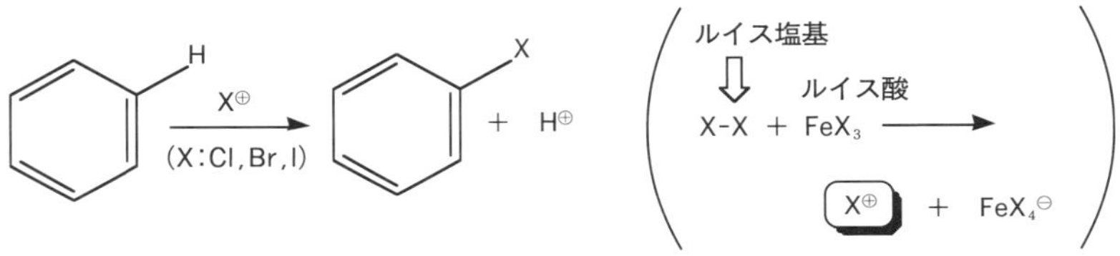

■ Friedel-Crafts アシル化

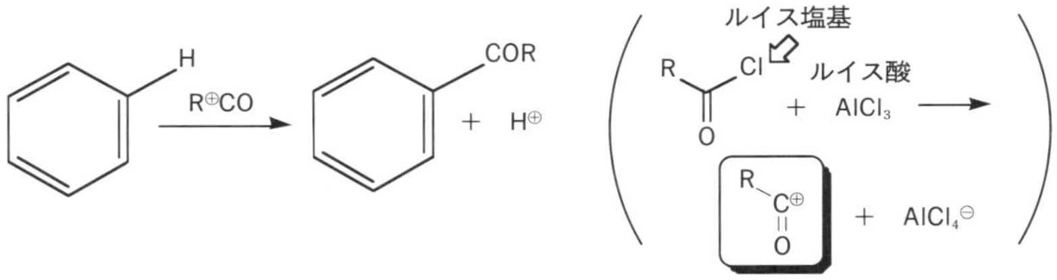

■ Friedel-Crafts アルキル化

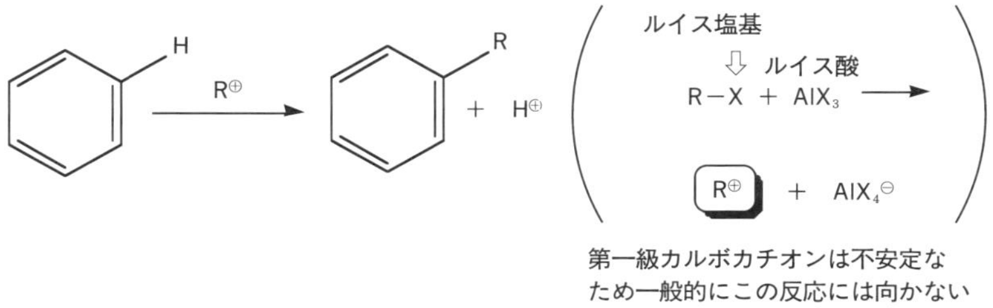

第一級カルボカチオンは不安定なため一般的にこの反応には向かない

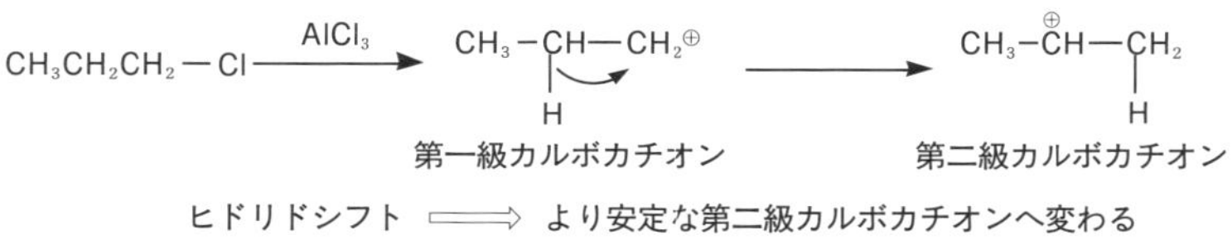

ヒドリドシフト $\Longleftrightarrow$ より安定な第二級カルボカチオンへ変わる

求電子試薬の調製にはハロゲン化合物とルイス酸の組み合わせがよく用いられる。この中でも特にアルキル化とアシル化反応を発見者の名前にちなんで Friedel-Crafts アルキル化，アシル化という。ハロゲンとルイス酸の組み合わせがよく用いられるのは，ハロゲンにルイス酸が配位し，炭素-ハロゲンの間の共有結合が弱まるためである。

ルイス酸を用いる方法以外に濃硫酸を酸触媒として用いる求電子試薬の発生法もある。

■ ニトロ化

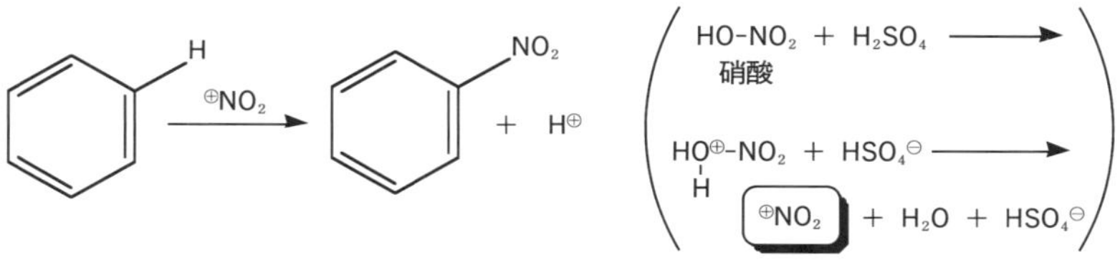

$$HO\text{-}NO_2 + H_2SO_4 \longrightarrow$$
硝酸
$$HO^{\oplus}(H)\text{-}NO_2 + HSO_4^{\ominus} \longrightarrow$$
$$^{\oplus}NO_2 + H_2O + HSO_4^{\ominus}$$

■ スルホン化

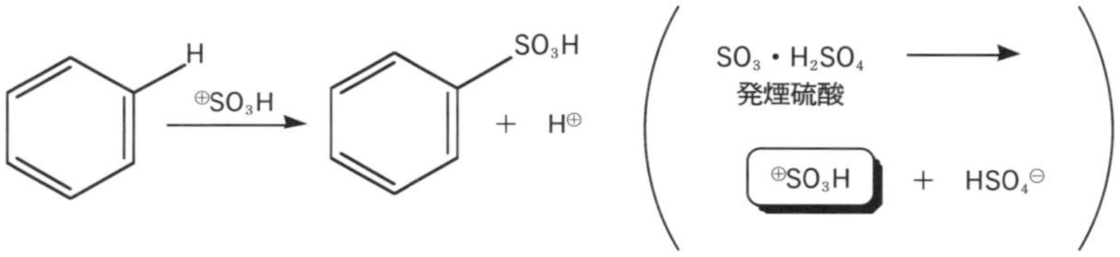

$$SO_3 \cdot H_2SO_4 \longrightarrow$$
発煙硫酸
$$^{\oplus}SO_3H + HSO_4^{\ominus}$$

5.2.2 置換基の求電子置換反応への影響

一置換ベンゼンに求電子置換反応を行った場合，つぎのように3つの生成物が得られる可能性がある。

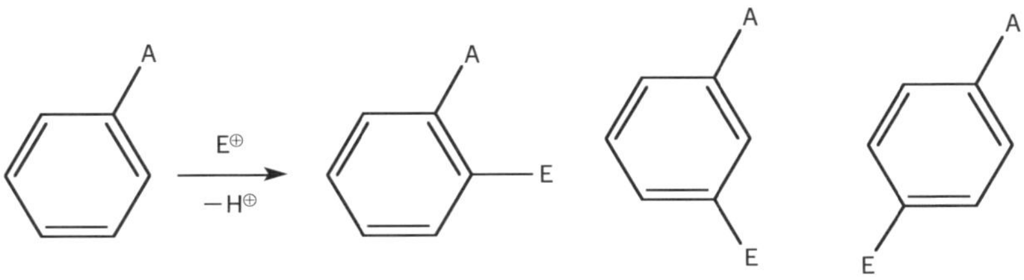

o-置換生成物 m-置換生成物 p-置換生成物

このいずれが反応において生成するかを予測することが可能であれば，有機合成上，合成経路を考える上で都合がよい。つぎにこのことについて考えてみよう。

求電子置換反応はカルボカチオンを経由して進行するので，反応の選択性を考える上でカチオンの安定性を考えることが重要である。カチオンの

安定性に置換基Aがどのような影響を及ぼすのであろうか。カルボカチオンは電子が不足した状態であるために不安定である。カルボカチオンへ電子の送り込みがおこなわれると電子が不足した状況がやや解消されるので安定となる。逆に電子が奪われると，電子がより不足した状態になるためにより不安定化する。つまり，置換基Aが電子供与性基（electron-donating group）である場合，カルボカチオンは安定化し，置換基Aが電子求引性基（electron-withdrawing group）の場合，不安定化する。このことを実際の反応中間体を用いて描くとつぎのようになる（図5.2）。

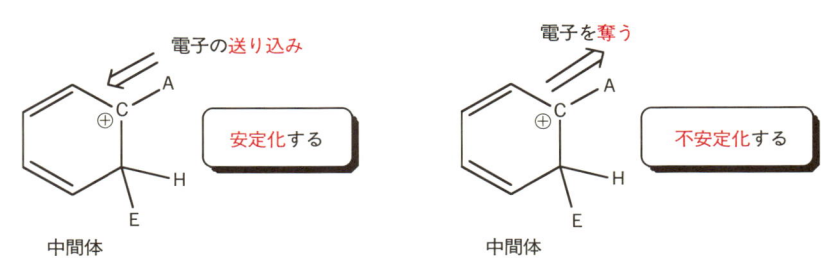

図5.2 置換基が求電子置換反応におよぼす影響

置換基Aが電子供与性基の場合，図のような中間体は生成しやすく，電子求引性基の場合，図のような中間体ができにくい。つぎに求電子置換反応の起こる位置とこの中間体との関係をみてみたい。

求電子試薬との反応により生成したカルボカチオンは共鳴により安定化する。オルト位とパラ位で反応した場合，カチオンの共鳴構造式を見てみると置換基Aの根元の炭素がカルボカチオンになった共鳴構造式が存在するが，メタ位で反応した場合にはこの様な共鳴構造式は見られない。上述したように置換基Aが電子供与性基であった場合，置換基Aの結合している炭素にカルボカチオンが生成すると安定化されるので，オルト位とパラ位で反応した方が有利である。一方，置換基Aが電子求引性基であった場合，置換基Aの結合している炭素に生成するカルボカチオンは不安定化されるので，メタ位で反応した方が有利ということになる。ベンゼン環上の置換基でオルト位とパラ位で反応させる傾向にある置換基のことをオルト-パラ配向基（ortho-para director）といい，メタ位で反応させる傾向にある置換基をメタ配向基（meta director）という。

■ オルト位で反応

■ メタ位で反応

■ パラ位で反応

　置換基Aが電子供与性基か，電子求引性基かを区別することができれば反応生成物を予測できることになる。つぎに各種置換基の特性について見てみよう。電子供与性基の多くはベンゼン環に結合する原子上にローンペアを有するものが多い。これはカルボカチオンへローンペアを供給することができるためである。ハロゲン原子は電気陰性度的には電子求引性基であるがローンペアを有するため，カルボカチオンの安定化においては電子供与的に働く。また，アルキル基はローンペアをもっていないが電子供与性基であることは第4章で学んだ（4.2.1参照）。

　一方，電子求引性基に属する基は酸素原子や窒素原子など電気陰性度の大きな原子との間に多重結合を有するものが多い。

■ 電子供与性基の一例

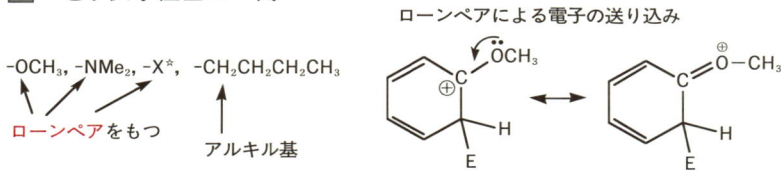

$-OCH_3$，$-NMe_2$，$-X^*$，$-CH_2CH_2CH_2CH_3$

ローンペアをもつ　　　アルキル基

ローンペアによる電子の送り込み

*X（ハロゲン原子）は共鳴効果的には電子供与性基として働くが，誘起効果的には大きな電気陰性度のため電子求引性基として働くので注意してもらいたい

■ 電子求引性基の一例

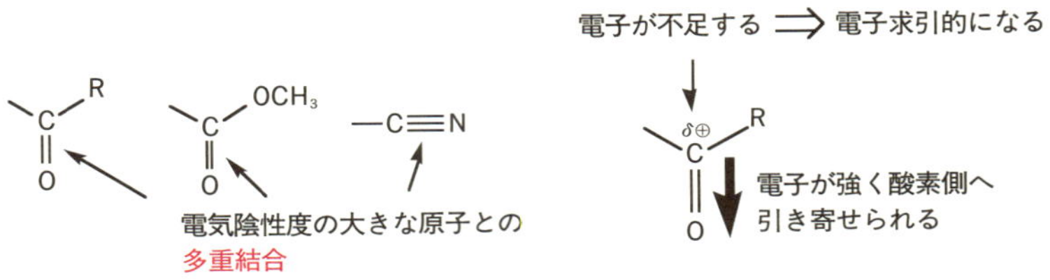

図5.3 電子供与性基と電子求引性基の構造上の特徴

以上，ベンゼン環上の置換基が求電子置換反応の置換位置におよぼす影響について見てきた。以上のことを思い出しながら，つぎの反応例について考えてもらいたい。

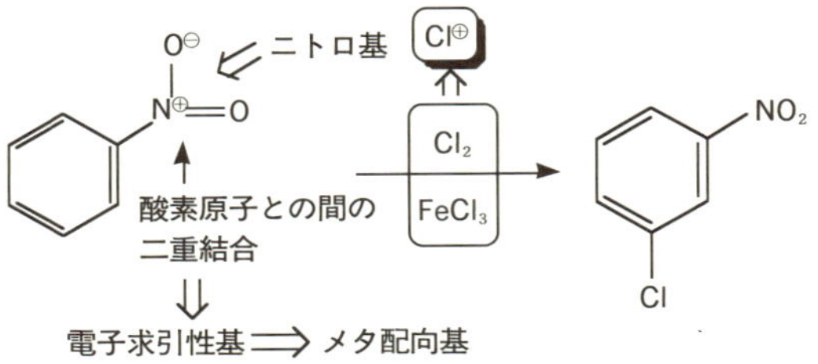

電子求引性基 ⟹ メタ配向基

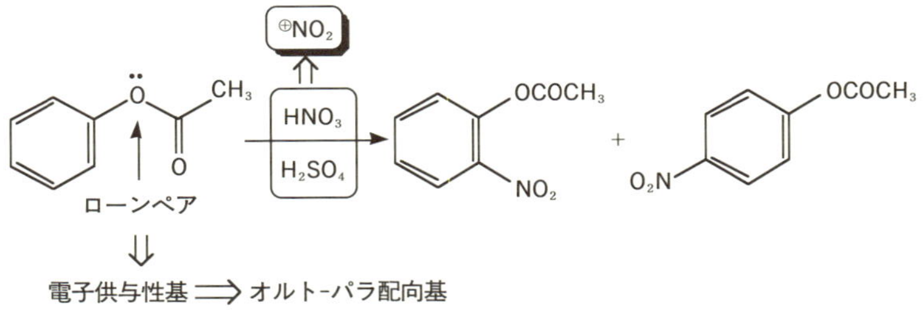

電子供与性基 ⟹ オルト-パラ配向基

つぎにベンゼン環上の置換基が求電子反応の起こりやすさに与える影響について考えてみたい。求電子置換反応はベンゼン環上の π 電子に対する求電子反応により反応が開始する。この反応は芳香族性を一時的に失う反応であるためエネルギー的に不利であり，遅い反応である。これに対してプロトンが脱離する反応は，反応が安定な芳香族環の生成へ向かうためにエネルギー的に有利であり，速い。反応の速度は1段階目の遅い反応に大きく左右されることになる。このことを理解してもらうために少し例え話をしたい。東京から福岡まで移動することを考えてみよう。この際，条件として大阪を経由することとし，移動手段として東京-大阪間は自転車を用い，大阪-福岡間は飛行機で移動することとする。この場合，初めの移動はかなり遅く，後の移動はかなり速いということになる。全移動時間を考えてみると，移動時間に大きな影響をおよぼすのは移動速度の遅い自転車の

段階であることはいうまでもないだろう。反応においても，ある中間体を経由して反応が数段階で進行する際，最も反応速度が遅い段階が全反応速度を支配することとなる。このように反応速度に影響を与える段階を律速段階（rate-determining step）という。ベンゼンの求電子付加反応を速く進行させるためには，1段階目の求電子反応をいかに速くするかにかかっている。この反応はベンゼン環上のπ電子と求電子試薬との反応であるため，この反応を速く進行させるためにはπ電子の密度を高める必要がある。ベンゼン環上の置換基Aが電子求引性基であるよりも電子供与性基であるほうが，求電子置換反応が速く進行すると考えられる。すなわち，ベンゼン環上の電子供与性基は求電子置換反応を起こりやすくし（活性化；activation），電子求引性基は求電子置換反応を起こりにくくする（不活性化；deactivation）。配向性を考える際，ハロゲン原子は電子供与的に考えたが，求電子置換反応の活性化を考える際，大きな電気陰性度のためハロゲン原子はベンゼン環上の電子密度を低下させ反応を不活性化することに注意しなければいけない。

5.3 アルキルベンゼンの反応

ここまではベンゼン環上の反応を中心に見てきた。つぎに，ベンゼンに結合したアルキル基の反応についてみてみたい。

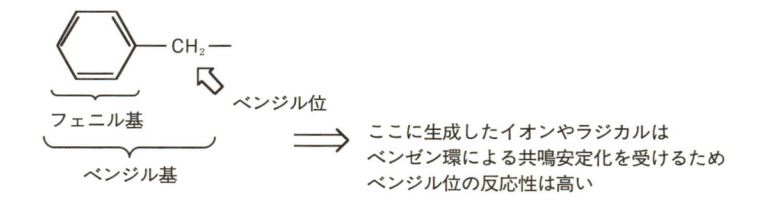

アルキル鎖のなかで特にベンゼン環に直接結合している炭素はベンゼン環の影響により反応性が高い。この炭素をベンジル位炭素（benzylic carbon）といい，フェニル基にメチレンを加えた基をベンジル基（benzyl group）と呼ぶ。このベンジル位で起こる反応を見てみよう。

まず初めにハロゲン化を見てみたい。アルキル鎖のハロゲン化はアルカンのところで学んだように紫外線照射によるラジカル反応で進行する（3.3.1参照）。アルカンのハロゲン化では反応位置に選択性がないため反応位置を推定することはできないが，アルキルベンゼンの場合，ベンジル位で選択的に反応が起こる。

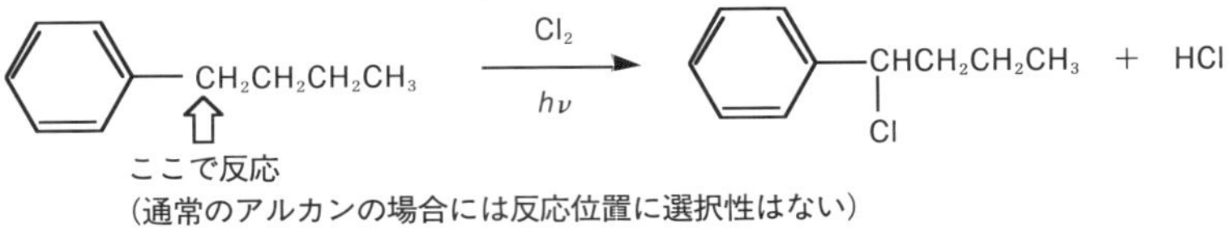

$$\underset{\text{ここで反応}}{\underset{\uparrow}{C_6H_5-CH_2CH_2CH_2CH_3}} \xrightarrow[h\nu]{Cl_2} C_6H_5-\underset{Cl}{\underset{|}{CH}}CH_2CH_2CH_3 + HCl$$

（通常のアルカンの場合には反応位置に選択性はない）

つぎに酸化反応をみてみたい。側鎖の酸化は過マンガン酸カリウムなどの強力な酸化剤により起こり，側鎖の長さに関係なく安息香酸（benzoic acid）を与える。この際，ベンゼン環は酸化を受けない。

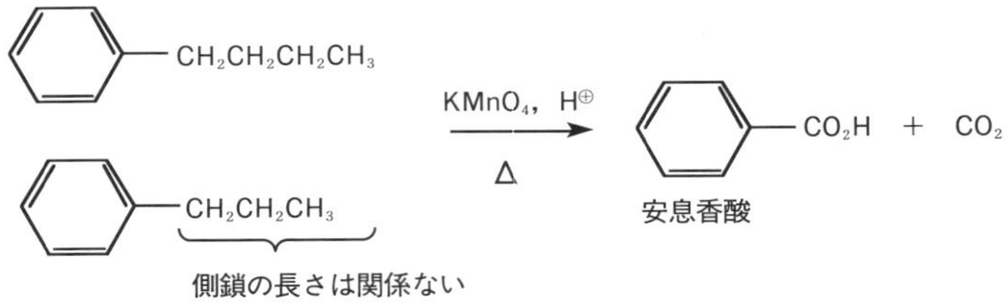

$$\begin{array}{c} C_6H_5-CH_2CH_2CH_2CH_3 \\ C_6H_5-CH_2CH_2CH_3 \end{array} \xrightarrow[\Delta]{KMnO_4, H^{\oplus}} \underset{\text{安息香酸}}{C_6H_5-CO_2H} + CO_2$$

側鎖の長さは関係ない

まとめ

芳香族化合物は環状につながった平面共役二重結合をもち，これに関与する π 電子の数が（$4n+2$）個（Hückel 則）である化合物の総称である。芳香族化合物はアルケン，アルキンとは異なり求電子置換反応を起こす。この反応の代表的なものとして Friedel–Crafts アルキル化，Friedel–Crafts アシル化反応があげられる。また芳香族化合物に隣接する炭素は芳香環の影響により高い反応性を有する。ベンゼン化合物の場合，ベンゼン環の隣にあるメチレン炭素をベンジル位炭素と呼び，芳香族側鎖の反応はこの炭素上で起こる。

コラム 2 芳香族化合物のさまざまな顔

芳香族化合物の代表例として誰もが知っているベンゼンがある。確かにベンゼンには独特の匂いがあるが，決して良い香りとは言えない。むしろ，多くの人には悪臭と感じられ，発がん性も示唆されており，現在では企業はもとより大学でも使用を控える傾向にあるほどである。一方，同じベンゼン環を持ちながら，香料や食品添加物として我々の生活に欠かせないものも芳香族化合物のもう1つの顔である。シンナムアルデヒド（シナモン），バニリン（バニラ），サリチル酸メチル（冬緑油），ベンズアルデヒド（苦扁桃種子）などである（図1を参照）。

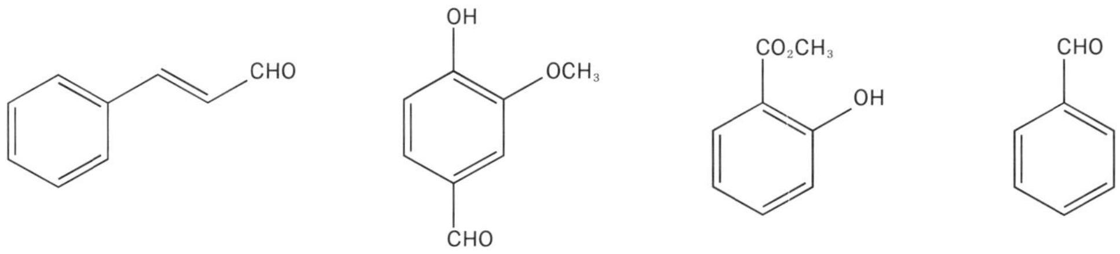

| シンナムアルデヒド | バニリン | サリチル酸メチル | ベンズアルデヒド |

図1　身の周りに存在する芳香族化合物

ベンゼンは，対称性の高い非常に単純な形をしているが，正確な構造が認知されるには長い時間を要したことは有名である。ドイツの化学者であるケクレは，モノブロモベンゼンは1種類，ジブロモベンゼンは3種類の異性体が存在することから，いくつか考えられる C_6H_6 の異性体の中から，六員環に二重結合が交互に入った1,3,5-シクロヘキサトリエン構造を提唱した。ケクレの考えはほぼ正しいが，この構造からは，ベンゼンの安定性が完全に説明できない。現在では，sp^2 炭素が六角形の平面に位置し，残った1個のp軌道はこの面に垂直に立っており，6個のp軌道が重なり合って環状の結合を形成しているという共鳴理論によって理解されており，厳密にいえば二重結合や単結合といった区別は存在しないのである。では，このベンゼン環が数多く集まるとどんな化合物になるのだろうか？黒鉛で知られるグラファイト（図2）は，ダイヤモンドの同素体であり，炭素原子を頂点とする六角網目状のシートが何層にも積み重なってできた炭素材料である。ダイヤモンドは電気を流さないのと対照的に，グラファイトは半導体としての性質を示すので，帯電防止シートなどに応用もされている。

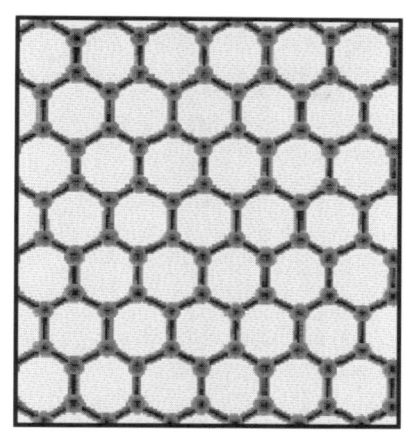

図2　グラファイト（シート1層分）の構造

また，このシート1枚を丸めて筒状にしたものが，今話題のカーボンナノチューブ（図3参照）であり，ナノテクノロジーの申し子ともいえるべき未来材料である。ナノチューブは，三次元構造をしているので，表面を修飾したり，内部に化合物を取り込んだり，端を切ったり丸めたり，ベンゼンでは考えられない細工がいろいろと報告されている。19世紀に構造解析で世間を騒がせたベンゼンだが，今後は類縁関係にあるカーボンナノチューブが超機能材料としてますます活躍の場を広げていきそうである。

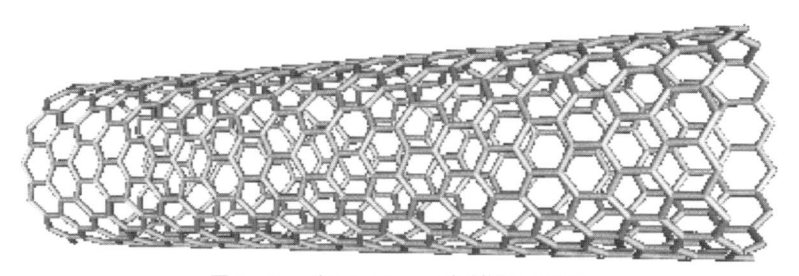

図3　カーボンナノチューブ（単層）の構造

章末問題 5

問5.1 つぎのa～jが芳香族化合物であるか否か答えよ。

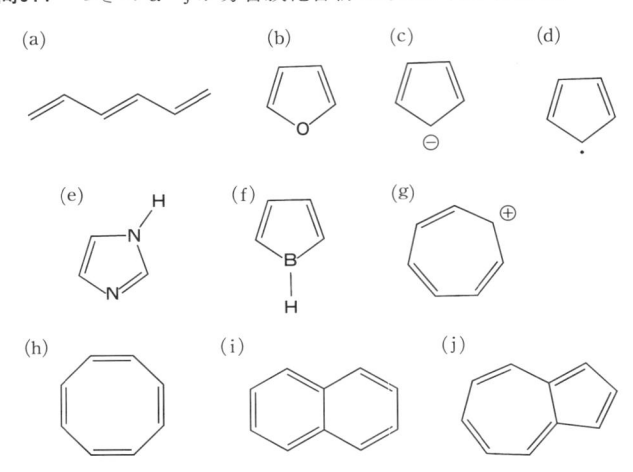

(a) (b) (c) (d)
(e) (f) (g)
(h) (i) (j)

問5.2 ベンゼンの水素原子1個をつぎの官能基で置換したときの化合物名を書け。また，その化合物がベンゼンと比較して求電子置換反応を受けやすいかどうかも議論せよ。

(a) $-Cl$, (b) $-CH_3$, (c) $-CHO$, (d) $-CH_2Cl$, (e) $-OH$, (f) $-NH_2$, (g) $-NO_2$, (h) $-COCH_3$, (i) $-OCH_3$

問5.3 つぎの各組の化合物を芳香族求電子置換反応に対する反応性が高い順に並べよ。

(a) ベンゼン，フェノール，酢酸フェニル
(b) ブロモベンゼン，o-ジブロモベンゼン，トルエン
(c) ニトロベンゼン，クロロベンゼン，o-キシレン

問5.4 つぎの各組の反応中間体を安定な順に並べよ。

(a) $Ph-\overset{\bullet}{C}H-CH_3$　　$Ph-CH_2-\overset{\bullet}{C}H_2$　　$Ph-\underset{\bullet}{\overset{Ph}{C}}-CH_3$

(b)

(c)

問5.5 つぎの空欄A～Gに当てはまる化合物の構造式と名称を示し，反応式を完成させよ。

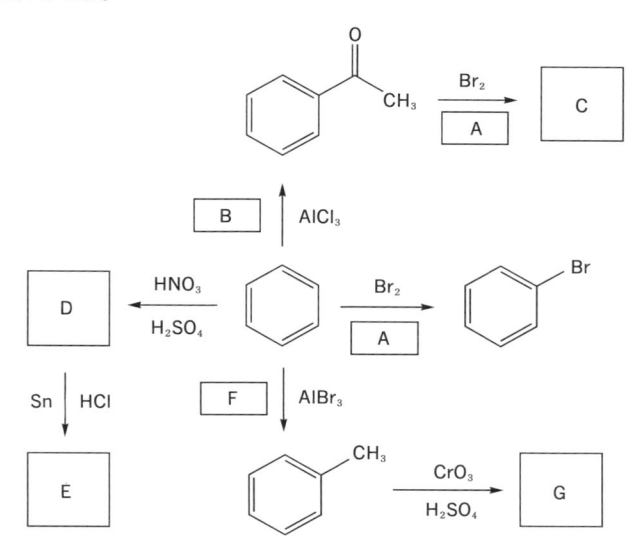

問5.6 N,N-ジメチルアニリンを濃硫酸と硝酸でニトロ化して得られる化合物の構造式と名称を書け。

問5.7 トルエンの臭素化を光照射下，および暗所下で行った。それぞれ得られる化合物の構造式と名称を書け。

6 立体化学

本章では，不斉炭素をもつ化合物に見られるエナンチオマーとジアステレオマーについて学ぶ。通常，構造が平面的に記述されることも多いが，分子の安定性や反応性を考える場合には，立体的な構造をイメージして考えることが重要である。多くの化合物に適用できる一般的な RS 表記法を理解してもらいたい。

6.1 異性体の種類

分子式が同じであるが構造が異なる物質の関係を異性体という。いくつかの異性体についてはすでに学んだ。各異性体の分類を示す。

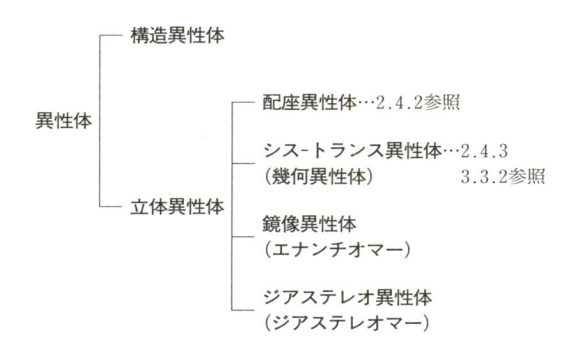

```
           ┌ 構造異性体
           │                ┌ 配座異性体…2.4.2参照
異性体 ─┤                │
           │                │ シス-トランス異性体…2.4.3
           └ 立体異性体 ─┤ （幾何異性体）     3.3.2参照
                            │
                            │ 鏡像異性体
                            │ （エナンチオマー）
                            │
                            └ ジアステレオ異性体
                              （ジアステレオマー）
```

異性体は大きく分類すると構造異性体（structural isomer）と立体異性体（stereoisomer）に分類される。構造異性体は同一組成式をもつが官能基など全く構造の異なる分子同士の関係のことをいう。これに対し，立体異性体は同一組成式を有する分子で，官能基の種類，置換基の数などに違いはないが，置換基の立体的な配置のみが異なる分子同士の関係のことをいう。立体異性体をさらに細かく分類すると配座異性体，シス-トランス異性体（幾何異性体），鏡像異性体，ジアステレオ異性体があり，このうち，配座異性体，シス-トランス異性体（幾何異性体）についてはすでに学んだ。

この章では鏡像異性体 (enantiomer) およびジアステレオ異性体 (diastereomer) を中心に学ぶ。

6.2 不斉炭素と鏡像異性体

鏡像異性体について学ぶ前に鏡像異性体のもととなる不斉炭素（キラル炭素）について学びたい。不斉炭素 (asymmetric carbon)（キラル炭素；chiral carbon) とは4つの異なる基が結合した炭素のことをいう。この炭素が存在する分子では鏡像の関係にある分子を重ねることはできない。このことを図で見てみよう。下図の中心炭素にはA，B，D，Eの4つの置換基が結合している。つまり，この中心炭素は不斉炭素である。

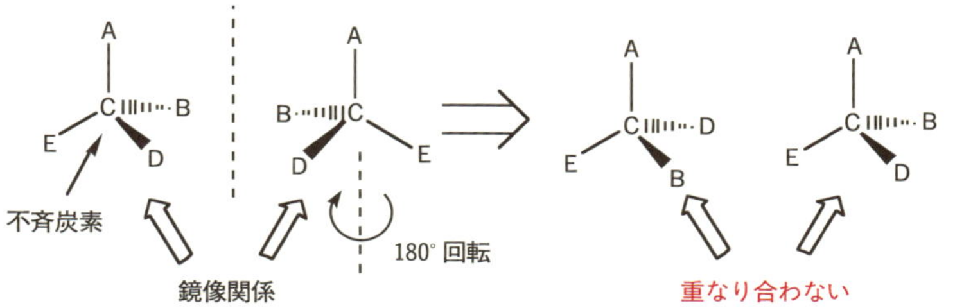

図にはこの化合物の鏡像関係にある2つの化合物が示してある。この一方の化合物を回転させ重なり合わせることを試みてみると，置換基AとEは重なり合うがBとDは重なり合わない。つまり，不斉炭素を有する化合物において，鏡像関係にある化合物同士は同一化合物ではなく異性体ということになる。このような異性体のことを鏡像異性体という。ただし，後の節で述べるが，分子内に対称面を有する化合物の場合には異性体ではなく同一化合物となりうることもあるので注意を要する。

鏡像異性体同士は構造が非常に似ているために融点，沸点などの物理的性質や，化学的な性質はほとんど同一である。しかし，光に関する特性だけは異なる。通常，光は光路に垂直なあらゆる面で振動している波からなっている。この光を，偏光子を通過させることにより，1つの面でのみ振動する平面偏光を取り出すことができる。この平面偏光を一方の鏡像異性体の入った溶液を通過させると偏光面が回転した平面偏光が得られる（図6.1）。

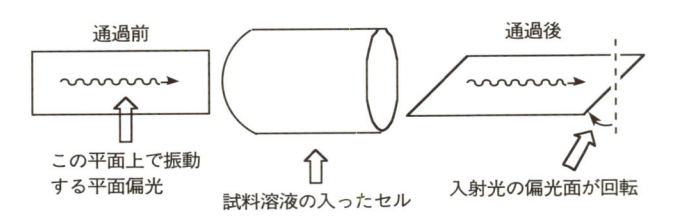

図6.1　光学活性化合物の旋光性

偏光面を右に回転させる化合物の性質を右旋性（dextrorotatory）といい，偏光面を左に回転させる性質を左旋性（levorotatory）という。一方の鏡像異性体が右旋性を示すとき，もう一方の鏡像異性体は回転角度が同一の左旋性を示す。この回転角度のことを旋光度（optical rotation）α といい，右旋性ではプラス，左旋性ではマイナスの符号を付けて記す。旋光度はセルの長さ l（dm）および試料の濃度 c（g/mL）に左右されるため比較を行う際これらを規格化しなければいけない。この規格化された旋光度のことを比旋光度 $[\alpha]$（specific rotation）といい，次式で示される。

$$[\alpha]_D^{25} = \frac{\alpha}{(l \times c)}$$

比旋光度の添え字のDは光源の種類（ナトリウムのD線）を示し，25は測定を行った温度が25℃であることを示している。

このように鏡像異性体はそれぞれ光に対して活性であることから，光学活性化合物（optically active compound）と呼ばれる。

一対の鏡像異性体が1：1のモル比で混合されている場合，互いの鏡像異性体が互いの旋光性を相殺するために旋光度は0°となる。このような混合物をラセミ混合物（racemic mixture）*という。

*ラセミ混合物と光学純度：光学純度を表すのにエナンチオマー過剰率（%ee）という表現がよく用いられる。エナンチオマー過剰率は，S または R をそれぞれの分子数とすると以下の式で表される。R 体と S 体のラセミ混合物は，0%eeであり，75個の R 体と25個の S 体の混合物は，50%eeということになる。エナンチオマー過剰率は，旋光度測定を初めとして核磁気共鳴スペクトル，ガスクロマトグラフィー，高速液体クロマトグラフィーなどで測定した結果から求められる。

$$\%ee = \frac{S-R}{S+R} \times 100$$

6.3　不斉炭素の表示方法

不斉炭素を含む化合物には鏡像異性体が存在するため，この2つを区別して表現する必要がある。そこで，まずは不斉炭素の表示法について見てみたい。不斉炭素を表示する場合，不斉炭素に結合する4つの基に優先順位を付ける必要がある。優先順位の決定についてはアルケンの命名で学んだCahn-Ingold-Prelog法による（3.2.2参照）。つぎに，最も優先順位の低い基を奥に見るように分子を回転させる。目の前に見える残り3つの基を優先順位の高い方からたどる。これが時計回りの場合，不斉炭素の立体配置（configuration）を（R）と表記し，反時計回りの場合，（S）と表記する。このことをアミノ酸の一種であるアラニンを例に以下に示した。この方法によると左の化合物は（R）-アラニン，右の化合物は（S）-アラニンと

表記される（図6.2）。

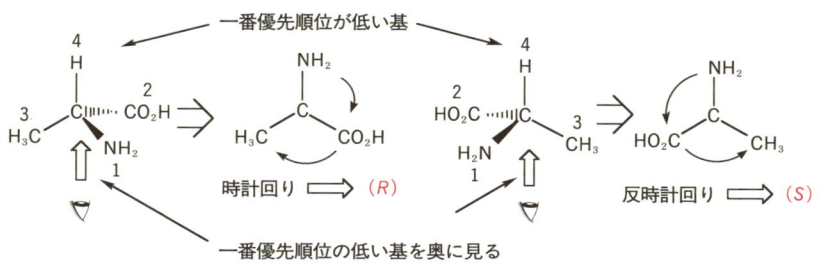

図6.2 不斉炭素の立体配置の表記法

6.4 鏡像異性体とジアステレオ異性体

　不斉炭素を1つ含む化合物を中心に見てきたが，自然界には2つ以上の不斉炭素を有する化合物が多く存在する。不斉炭素が1つの場合には，くさびを用い，結合を立体的に表示することにより簡便に表現できるが，不斉炭素を多数有する化合物の場合，表現が煩雑となる。そこで，E. Fischerはキラル炭素を書かずに十字でキラル炭素を表現する方法を考案した。この式のことをフィッシャー投影式という。フィッシャー投影式は最も酸化された基が上に来るように主鎖を縦に配置し，不斉炭素に結合する側鎖を横に配置するように記したもので，主鎖を不斉炭素に対し紙面の奥に，側鎖を紙面の手前になるように見る投影式である。例としてグリセルアルデヒドを記すのでみてもらいたい。

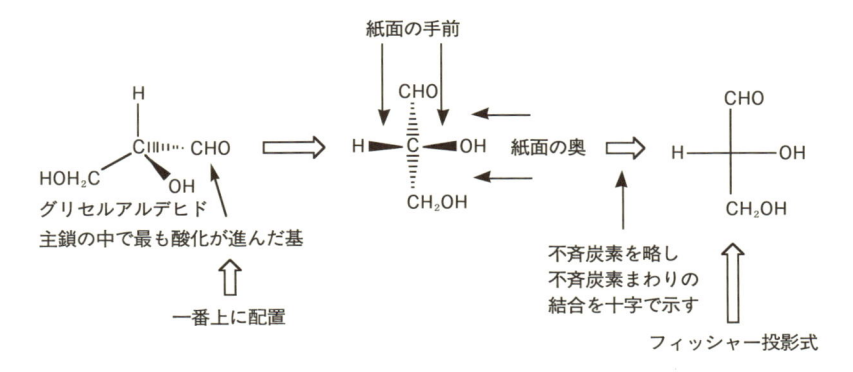

　フィッシャーの投影式を用いて2,3,4-トリヒドロキシブタナール（2,3,4-trihydroxybutanal）の各異性体を下記に示す。2つの不斉炭素を含む化合物の場合，A～Dの4種類の異性体が存在する。

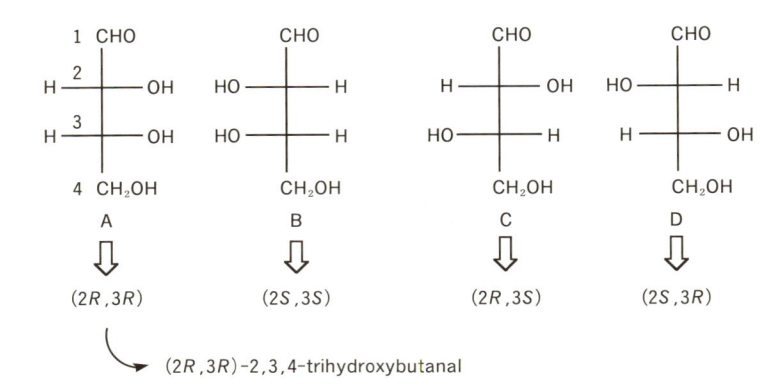

$$\begin{array}{cccc}
\text{1 CHO} & \text{CHO} & \text{CHO} & \text{CHO} \\
\text{H —2— OH} & \text{HO —— H} & \text{H —— OH} & \text{HO —— H} \\
\text{H —3— OH} & \text{HO —— H} & \text{HO —— H} & \text{H —— OH} \\
\text{4 CH}_2\text{OH} & \text{CH}_2\text{OH} & \text{CH}_2\text{OH} & \text{CH}_2\text{OH} \\
A & B & C & D \\
\Downarrow & \Downarrow & \Downarrow & \Downarrow \\
(2R,3R) & (2S,3S) & (2R,3S) & (2S,3R)
\end{array}$$

$(2R,3R)$-2,3,4-trihydroxybutanal

立体異性体の数は不斉炭素の関数で表され，不斉炭素の数をnとすると立体異性体の数は最大2^n個となる。Aの化合物の場合，2番目と3番目の不斉炭素の立体配置はともに(R)であるので$(2R, 3R)$と表記する。命名の際，この表記を化合物名の前に付すと立体を加味した化合物名となる。

つぎにこの4つの化合物の関係を見てみよう。化合物AとBは鏡像関係にあるので，互いに鏡像異性体である。同じくCとDとの関係も鏡像異性体となる。化合物AとCもしくはDとの関係は鏡像異性体ではない。このような鏡像異性体にない立体異性体のことを**ジアステレオ異性体（diastereomer）**という。

ここで酒石酸（tartaric acid）を見てみよう。先ほどと同じように異性体を書き出すと次の4種類の構造を書くことができる。

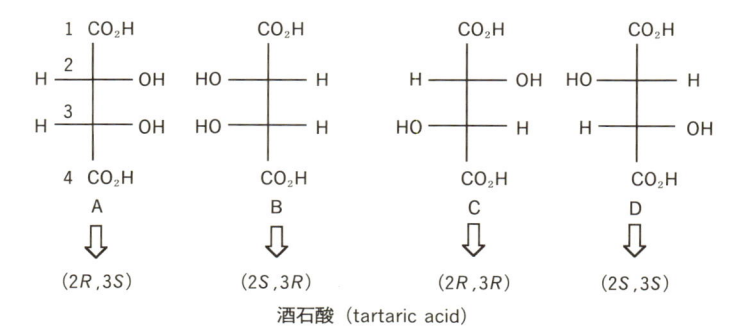

$$\begin{array}{cccc}
\text{1 CO}_2\text{H} & \text{CO}_2\text{H} & \text{CO}_2\text{H} & \text{CO}_2\text{H} \\
\text{H —2— OH} & \text{HO —— H} & \text{H —— OH} & \text{HO —— H} \\
\text{H —3— OH} & \text{HO —— H} & \text{HO —— H} & \text{H —— OH} \\
\text{4 CO}_2\text{H} & \text{CO}_2\text{H} & \text{CO}_2\text{H} & \text{CO}_2\text{H} \\
A & B & C & D \\
\Downarrow & \Downarrow & \Downarrow & \Downarrow \\
(2R,3S) & (2S,3R) & (2R,3R) & (2S,3S)
\end{array}$$

酒石酸（tartaric acid）

化合物CとDは先に示した化合物と同様に鏡像異性体の関係にある。しかし，AとBとの関係はどうであろうか。一見，鏡像異性体と見ることができるが，Aを紙面内で180°回転させるとBと完全に一致する。つまり，**化合物AとBは同一化合物**であり，この化合物に関しては鏡像異性体が存在しない。このような化合物は鏡像異性体が存在しないことより，光学不活性となる。化合物Aのように，不斉炭素を2つ以上もつが光学不活性な化合物を**メソ化合物（meso compound）**という。メソ化合物は分子内に対称面を持つことが特徴である。不斉炭素をn個もつ化合物で，m個のメソ

化合物があるとすると，立体異性体の数は (2^n-m) 個となる。

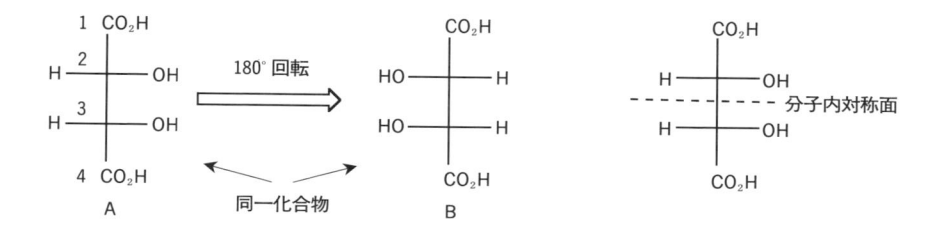

まとめ

この章では有機化合物の異性体の分類をまず再確認し，ついで鏡像異性体，ジアステレオ異性体という2種類の立体異性体について触れた。これらの化合物は4種類の異なる置換基が結合した不斉炭素を有することが特徴である。不斉炭素の立体配置を示す際，RS 表記法が主に用いられる。ジアステレオ異性体は異なる沸点や融点などの物理的性質を有し，これにより容易に区別される。これに対し，鏡像異性体は沸点や融点などの物理的性質は全く同じであり，これらにより区別することは困難であるが，旋光性については相反する性質を示すのでこれにより区別される。この性質から1つの鏡像異性体は光学活性化合物と呼ばれる。不斉炭素を有する化合物であっても分子内に対称面をもつ場合，鏡像異性体は存在しない。このような化合物をメソ化合物という。

コラム3　鏡像異性体あれこれ

本章で紹介したようにキラル炭素をもつ化合物にはエナンチオマーが存在する。しかし，有機化合物の中にはこの範疇に属さないものも存在する。分子不斉と呼ばれるものである。いくつか例をみてみることにしよう。まず，1,3-二置換アレンは，C1炭素とC3炭素は sp^2 混成であるが，真ん中のC2炭素は sp 混成である。結果として，C1炭素とC3炭素についた置換基は，分子軸方向から見て90°ずれた場所に位置することになる。C2炭素上に存在する2個のp軌道は直交しているので，分子軸まわりにC1炭素-C2炭素がなす平面が回転することはできない。よって，図1に示すような2つのエナンチオマーが存在することになる。かなり変わった構造に感じられるかも知れないが，天然にもこの構造を含む化合物が存在することが知られている。

図1　1,3-二置換アレンのエナンチオマー

回転障壁が大きいためにエナンチオマーとして存在しうる例として，ビナフチル誘導体があげられる。1,1'-ビナフチル（図2左）は，8位の水素の立体障害のために単結合まわりの回転が妨げられている。しかし，この回転障壁はそれほど大きいものではなく，室温付近で放置すればラセミ化が進行する。そこで，2,2'位に嵩高い置換基を導入すると，今度はこの置換基同士の立体反発も生まれ，回転障壁は大きくなることが予想される。2,2'-ビス（ジフェニルホスフィノ）-1,1'-ビナフチル（略称 BINAP，図2右）が好例である。この類いの化合物は，単に珍しいというだけにとどまらず，創薬などの分野では欠かせない貴重な存在である。我々人間が作る化合物（薬も含めて）は，たとえ不斉炭素があるとしてもラセミ体しか得られない。人類にとって一方のエナンチオマーのみを合成することは非常に重要であり（コラム4参照），BINAPと金属錯体を組み合わせた触媒では，片方のエナンチオマーを選択的に合成が可能である。

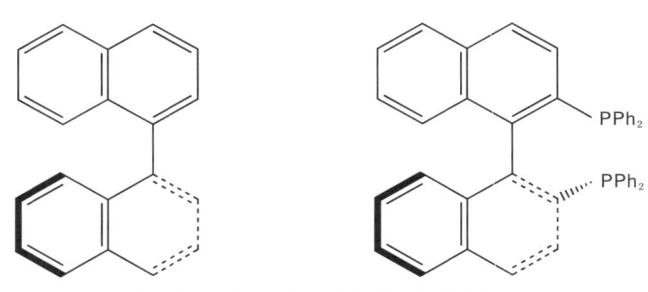

図2　1,1'-ビナフチルとBINAPの分子構造

　最後に，回転障壁や立体障害などの難しい言葉にとらわれないエナンチオマーの例を見ておこう。2つのリングが機械的に結合した[2]-カテナンと称される化合物が合成されている（図3）。ここでは，具体的な化合物の構造は省略するが，どんなにリングを回そうが，一方のエナンチオマーを他方と重ねることはできない。リングを切って，もう一度つなぎ直す必要がある。ちなみに，リングが5つ繋がった[5]-カテナンも合成されており，オリンピアダンと呼ばれている（化学には，こういう遊び心を追求した研究があっても良いのではないだろうか？）。このような分子の可能性は未知であるが，有機分子でモーターやギアが合成できれば，究極に小さいマシンが設計できる。フラスコの中で作ったマシンが我々の体の中を自在に動き回る日がくるかも知れない。

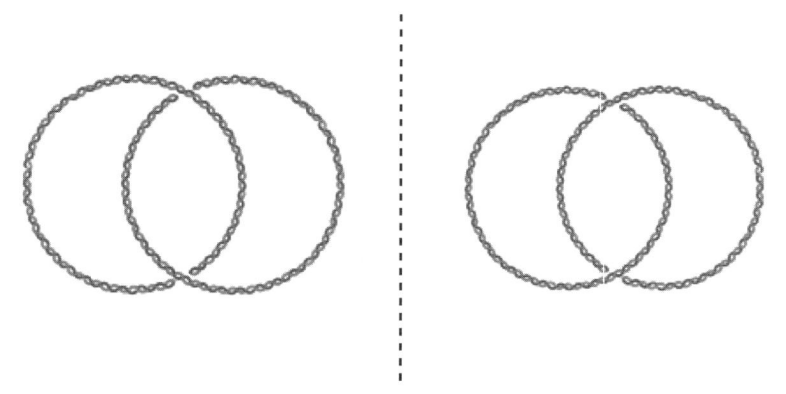

図3　[2]-カテナンに見られるエナンチオマー

章末問題 6

問 6.1 つぎの化合物がキラルかアキラルか答えよ。

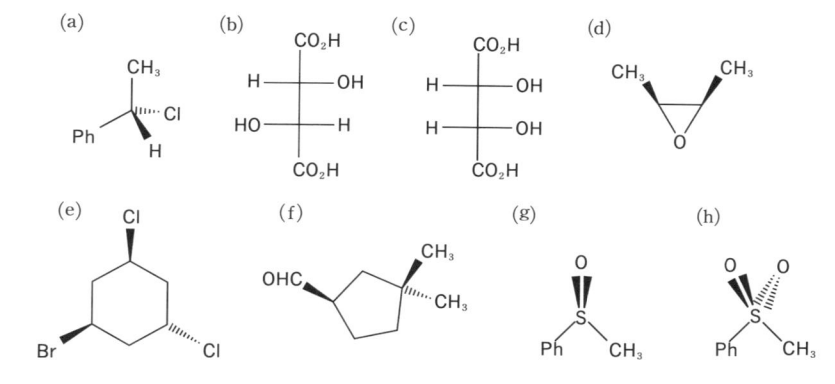

(a) CH₃, Ph, Cl, H 四置換炭素

(b) CO₂H / H—OH / HO—H / CO₂H

(c) CO₂H / H—OH / H—OH / CO₂H

(d) CH₃, CH₃ エポキシド

(e) Cl, Br, Cl シクロヘキサン

(f) OHC, CH₃, CH₃ シクロペンタン

(g) O=S(Ph)(CH₃)

(h) O=S(=O)(Ph)(CH₃)

問 6.2 Newman 投影式で表された以下の 2-クロロブタンが R 体か S 体かを決定せよ。また、これのエナンチオマーを Newman 投影式で示せ。

問 6.3 つぎの投影式で表された化合物 1〜4 のうち、A と同じ立体配置をもつものはどれか選べ。

1, 2, 3, 4, A（アラニンのフィッシャー投影式）

問 6.4 つぎの投影式で表された化合物 A〜E が R 体か S 体かを決定せよ。

A: Me₂N—OH / H
B: Cl, H, CO₂H, CH₃ 含むアルケン
C: CHO, CH₃, H を含むアルキン

問6.5 つぎの投影式で示された化合物の立体配置は R 体か S 体か。全ての不斉炭素について答えよ。

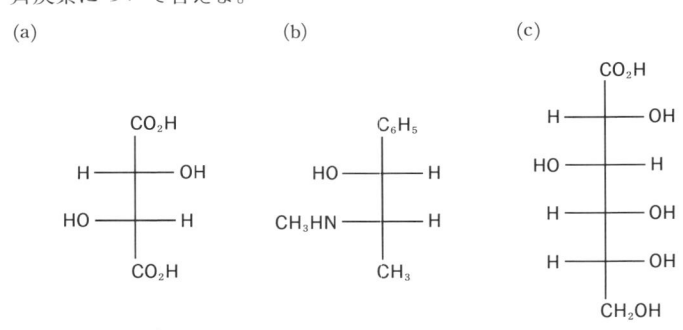

問6.6 2-アミノ-3-ヒドロキシブタン酸のすべての立体異性体を R, S 配置と共に記せ。また，エナンチオマーの関係にあるもの同士を示せ。

問6.7 2,3-ジヒドロキシブタンのすべての立体異性体を R, S 配置と共に記せ。また，これらの中でメソ体となるものを示せ。

7

有機ハロゲン化合物の化学

　有機ハロゲン化合物はダイオキシン，ポリクロロビフェニル（PCB），一部のフロン化合物など，人体や環境に対する有害物質として問題視されているものが多いが，ハロタン（麻酔薬）やポリ塩化ビニル（汎用プラスチック）など，溶剤や冷媒などの材料として重要なものも多い。また，炭素–ハロゲン結合をもつ化合物は比較的活性なため有機合成における合成中間体（synthetic intermediate）としても重要である。本章では，有機ハロゲン化合物が示すさまざまな反応（求核置換反応，脱離反応）について学ぶ。求核置換反応における立体化学，脱離反応における選択性は，欲しいものを作るためには大切な問題である。求核試薬と脱離基の種類によって，どんな反応が進行するのか予測できるように訓練してもらいたい。

7.1　求核置換反応

　ハロゲン化アルキルの炭素–ハロゲン結合は炭素原子とハロゲン原子との間の電気陰性度の大きな差により，結合電子がハロゲン側に引きつけられ，大きく分極している。これにより炭素原子は電子が不足し部分的正電荷（$\delta^{\oplus}$）を帯び，ハロゲン原子は負電荷（$\delta^{\ominus}$）を帯びている。この様な炭素は電子を豊富に持つ試薬（**求核試薬；nucleophile**）から求核攻撃を受け，ハロゲン原子が求核試薬と置き換わる反応が起こる（図7.1）。この反応のことを**求核置換反応（nucleophilic substitution reaction；S_N reaction）**という。ただし，電子求引性基のついていない C=C–X のハロゲン–sp^2 炭素結合や，C≡C–X のハロゲン–sp 炭素結合は，そこに電子が豊富に存在するため，一般的に求核攻撃を受けないので注意が必要である*。

* C≡C–X，C=C–X における置換反応

$$EWG-CH=CH-X \xrightarrow{Nu^{\ominus}}$$
$$EWG-\overset{\ominus}{C}H-CH\underset{Nu}{\overset{X}{\diagup}} \xrightarrow{-X^{\ominus}}$$
$$EWG-CH=CH-Nu$$

（EWG：電子求引性基）

　カルボニル基などの電子求引基により活性化された不飽和結合には求核剤の付加反応が起こる（p.58脚注参照）。求核剤が付加した炭素上に脱離しやすい基（ハロゲン原子など）が存在する場合，脱離基が脱離し不飽和結合が再生する。このような反応を付加脱離反応といい，電子求引性基のついた C=C–X や C≡C–X では置換反応が起こることになる。この反応には電子求引性基が必須となり，電子求引性基のないアルケン，アルキンでは置換反応は一般的に起こらない。

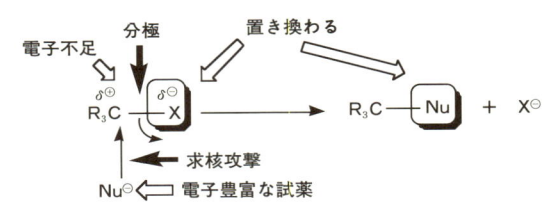

図7.1　求核置換反応

この反応はハロゲン原子に限定される反応ではなく，分極した構造をつくり，脱離後，$X^{\ominus}$ が安定化するようなものであれば同様に反応は進行する。例としてアルコールをハロゲン置換する反応を見ておこう。

反応によって脱離してくる $X^{\ominus}$ のことを 脱離基（leaving group）という。

7.1.1　S_N1 反応と S_N2 反応

求核置換反応の概要について学んだ。この反応についてさらに詳しく見てみよう。求核置換反応（S_N 反応）は脱離基が開裂してから，求核試薬の攻撃が起こる S_N1 反応 と，求核試薬の攻撃と脱離基の開裂が同時に起こる S_N2 反応 の2つに大別される。

まず初めに，S_N1 反応についてみてみよう。S_N1 反応は出発物質から カルボカチオン を生じ，このカルボカチオンが求核攻撃を受けることにより反応が進行する。この反応において1段階目の反応は不安定なカルボカチオンを生成するために遅いが，2段階目の反応は速い。つまり，この反応の律速段階（5.2.2参照）は1段階目の反応ということになる。反応速度は反応に関する化合物の濃度の比例式で表される。この際の比例定数を速度定数（rate constant）という。反応速度式を考えてみると，この反応で速度に関係する分子の濃度は出発物質1分子のみとなる。このように，本反応は速度的に 1分子的な求核置換反応 と見なせる。S_N1 反応の1は1分子的反応であるということを意味している。

■ S_N1反応

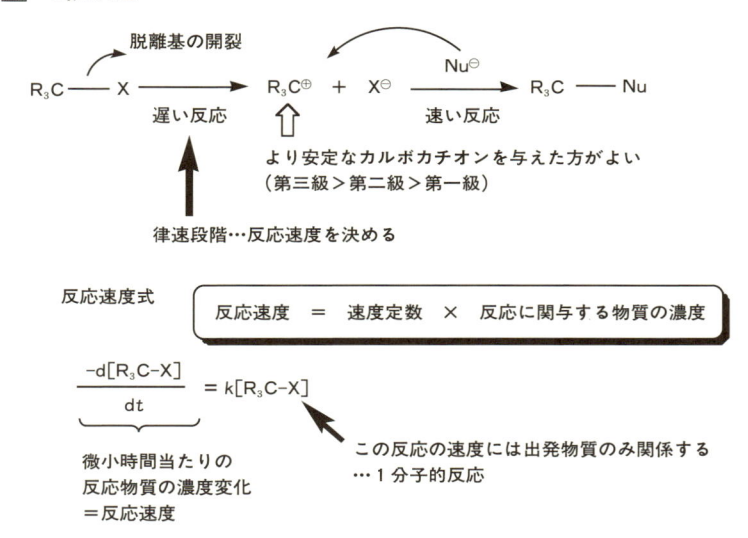

$$R_3C—X \xrightarrow[\text{遅い反応}]{\text{脱離基の開裂}} R_3C^{\oplus} + X^{\ominus} \xrightarrow[\text{速い反応}]{Nu^{\ominus}} R_3C—Nu$$

より安定なカルボカチオンを与えた方がよい
（第三級＞第二級＞第一級）

律速段階…反応速度を決める

反応速度式

　　反応速度　＝　速度定数　×　反応に関与する物質の濃度

$$\underbrace{\frac{-d[R_3C\text{-}X]}{dt}}_{\substack{\text{微小時間当たりの}\\ \text{反応物質の濃度変化}\\ =\text{反応速度}}} = k[R_3C\text{-}X]$$

この反応の速度には出発物質のみ関係する…1分子的反応

　この反応の起こりやすさに影響を与える因子について考えてみよう。この反応はカルボカチオンを経由して反応が進行する。一般にカルボカチオンは不安定であるので，少しでも安定なカルボカチオンを経由した方がこの反応にとって有利であると考えられる。カルボカチオンは第一級カルボカチオン，第二級カルボカチオン，第三級カルボカチオンの順により安定となるので（4.2.1参照），出発物質のアルキル部分の骨格が第一級アルキルよりも第三級アルキルの方がS_N1反応を起こしやすいことになる。また，S_N1反応ではアルコールや水などの求核攻撃能力の低い試薬が用いられる。

　つぎに，S_N2反応についてみてみよう。S_N2反応では一段階で反応が進行し，求核試薬による攻撃と脱離基の開裂が同時に進行する。この反応の速度式を考えてみると，この反応には出発基質と求核試薬の2分子が関与しているので反応速度はこの2分子の濃度の関数となる。つまり，この反応は**2分子的な求核置換反応**ということになる。S_N2反応の2は2分子的反応であるということを意味している。

■ S_N2反応

求核試薬の攻撃と脱離基の開裂が同時に起こる

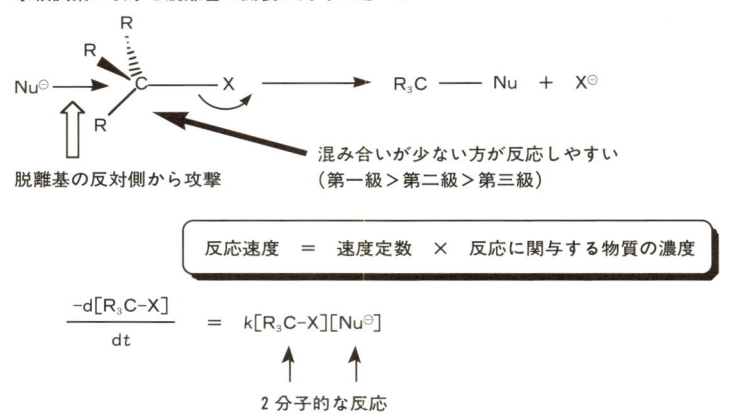

$$Nu^{\ominus} + R_3C-X \longrightarrow R_3C-Nu + X^{\ominus}$$

脱離基の反対側から攻撃

混み合いが少ない方が反応しやすい
（第一級＞第二級＞第三級）

反応速度 ＝ 速度定数 × 反応に関与する物質の濃度

$$\frac{-d[R_3C-X]}{dt} = k[R_3C-X][Nu^{\ominus}]$$

2分子的な反応

　この求核攻撃は脱離基に対して反対方向から起こる。この反応の起こりやすさを考える際，求核試薬が攻撃する炭素のまわりの混み具合が重要となる。攻撃を受ける炭素のまわりの混み具合が少ないほど，反応は起こりやすい。つまり，出発基質のアルキル部分の反応点が第三級アルキルよりも第一級アルキルの方がS_N2反応を起こしやすいことになる。また，一般的に，S_N2反応では求核攻撃能力の高い試薬が用いられる。

7.1.2　求核試薬の求核性と脱離基の脱離能

　前節ではハロゲン化アルキルのアルキル部分と反応の起こりやすさとの関係について述べたが，求核置換反応にとって，求核試薬の求核性（nucleophilicity）*と脱離基の脱離能（leaving ability）も重要となる。求核試薬の求核性が高く，脱離基の脱離能が高くなるほど求核置換反応は起こりやすくなる。この節では求核試薬の求核性と脱離基の脱離能をとりあげる。
　まず求核試薬の求核性について見てみよう。一般的に求核試薬の求核性にはつぎの傾向がある。

アニオンは対応する中性分子より求核性が高い
　$OH^{\ominus}$ ＞ HOH　　$RO^{\ominus}$ (alkoxide) ＞ ROH (alcohol)

同一元素の求核種では塩基性の高い方が求核性が高い
　$CH_3O^{\ominus}$ ＞ $OH^{\ominus}$

同属元素であれば周期律表の下の元素の方が求核性が高い
　$I^{\ominus}$ ＞ $Br^{\ominus}$ ＞ $Cl^{\ominus}$

　よく用いられる求核試薬のいくつかを求核性の高いものから順に以下に記すので，上記の傾向を参考にしながら見てもらいたい。

$$HS^{\ominus} > CN^{\ominus} > I^{\ominus} > CH_3O^{\ominus} > OH^{\ominus} > Cl^{\ominus} > NH_3 > H_2O$$

＊求核性と塩基性：塩基性は立体的な大きさが無視できるプロトンに対する反応であるのに対し，求核性は$\delta^{\oplus}$性を帯びた炭素に対する反応である。これら2つの要素は常に同時に考えなければならない。シクロヘキサノンにn-BuLiを作用させると，ブチルアニオンがカルボニル炭素に求核攻撃を起こすが，LDA (N,N-ジイソプロピルリチウムアミド) を作用させるとα位のプロトンが塩基により引き抜かれてエノラートが生成する。欲しいものだけを得る有機合成においては，求核性のない強塩基を用いる場面も非常に多い。

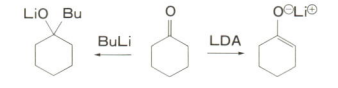

つぎに脱離基について見てみよう。脱離基は脱離後安定なものほど脱離しやすい。一般的によく用いられる脱離基には次のものがある。

H_2O, $Cl^{\ominus}$, $Br^{\ominus}$, $I^{\ominus}$　　ハロゲンの脱離能　$I^{\ominus} > Br^{\ominus} > Cl^{\ominus}$

ハロゲン化物イオンは安定なアニオンであるので最も一般的な脱離基である。ハロゲン化アルキルが様々な有機化合物の中間体としてよく用いられるのは，この高い反応性を利用して比較的簡便に目的とする官能基を導入できるからである。ハロゲン原子の中でもヨウ素原子は一番高い脱離性を持つ。これらに対して $OH^{\ominus}$，$RO^{\ominus}$，$NH_2^{\ominus}$ はさほど安定なアニオンではないので，このまま脱離基として使われることはない。

ブロモエタンを例によく用いられる求核試薬と生成物を見ておこう（図7.2）。ハロゲン化アルキルを原料に様々な化合物が合成されることが分かるであろう。

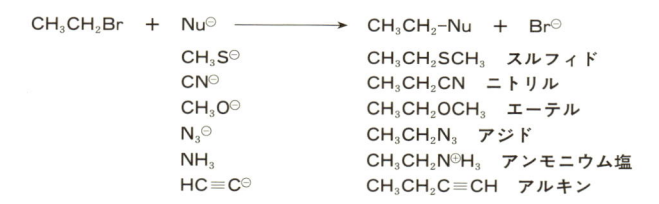

$$CH_3CH_2Br + Nu^{\ominus} \longrightarrow CH_3CH_2\text{-}Nu + Br^{\ominus}$$

Nu	生成物	
$CH_3S^{\ominus}$	$CH_3CH_2SCH_3$	スルフィド
$CN^{\ominus}$	CH_3CH_2CN	ニトリル
$CH_3O^{\ominus}$	$CH_3CH_2OCH_3$	エーテル
$N_3^{\ominus}$	$CH_3CH_2N_3$	アジド
NH_3	$CH_3CH_2N^{\oplus}H_3$	アンモニウム塩
$HC{\equiv}C^{\ominus}$	$CH_3CH_2C{\equiv}CH$	アルキン

図7.2　ブロモエタンと各種求核試薬との反応

7.1.3　S_N1反応とS_N2反応の立体化学

前節では S_N1 反応と S_N2 反応の起こり方についてそれぞれ学んだ。つぎに，求核置換反応における立体化学を見てみよう。S_N1 反応では，一般に出発基質の立体配置が失われラセミ化が起こる。これに対して S_N2 反応では出発基質と反対の立体配置の化合物が得られる。このように反転を伴う反応を発見者にちなんで **Walden 反転（Walden inversion）** という。

S_N1 反応でラセミ化が起こる原因はカルボカチオンを経由して反応が進行することにある。カルボカチオンは平面構造をとっているため求核剤の攻撃は平面の両側から起こる。このため，出発物質の立体配置が平均化されラセミ化が起こるのである。

■ S_N1反応の立体化学

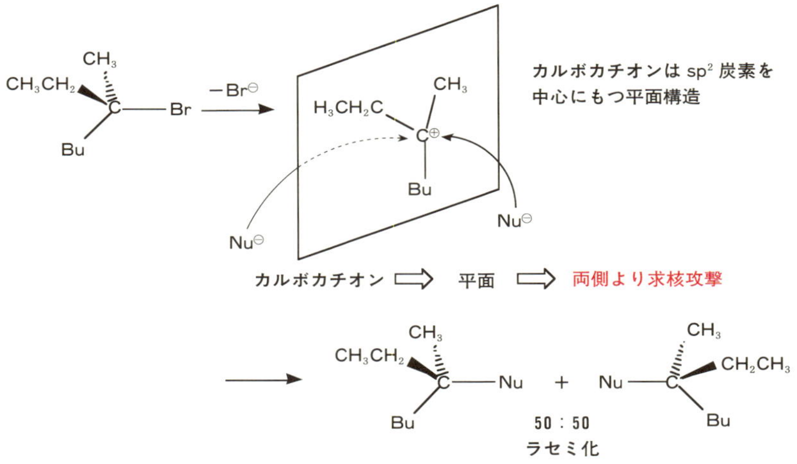

カルボカチオンは sp² 炭素を中心にもつ平面構造

カルボカチオン ⇒ 平面 ⇒ 両側より求核攻撃

50 : 50
ラセミ化

　S_N2反応で立体反転が起こる原因は求核試薬が脱離基の反対側から攻撃し，求核試薬が脱離基を追い出すように反応が進行するためである。

■ S_N2反応の立体化学

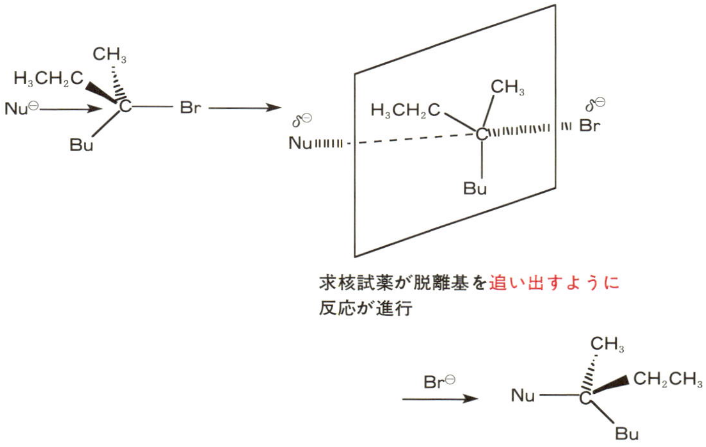

求核試薬が脱離基を追い出すように反応が進行

7.2　脱離反応

　ハロゲン化アルキルは求核置換反応とともに脱離反応を起こす。脱離反応（elimination reaction）は適当な塩基存在下，ハロゲン（脱離基）が結合した炭素の隣の炭素（β位）上の水素原子とハロゲンが共に脱離する反応であり，この反応はアルケンの合成法として用いられる。β位に2種類の水素原子がある場合，通常より多く置換されたアルケンを主生成物として与える（図7.3）。この規則をザイツェフ（Saytzeff）則という。

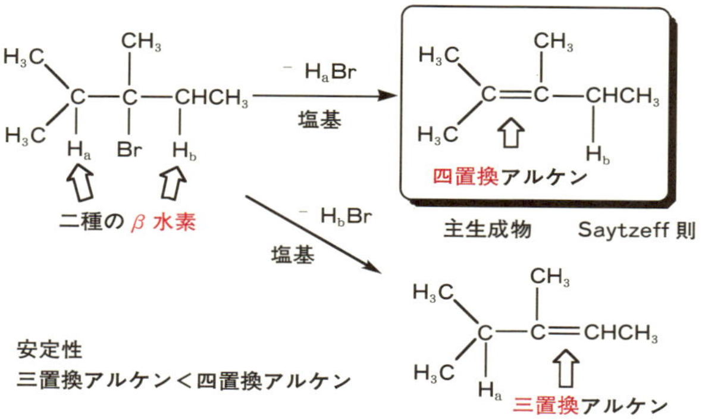

図7.3 脱離反応とザイツェフ則

この規則が成り立つのは置換数の少ないアルケンよりも置換数の多いアルケンの方がエネルギー的に安定なためである。

7.2.1 E1反応と E2反応

求核置換反応と同様に脱離反応（E反応）においても1分子反応と2分子反応が存在する。まず初めに，E1反応についてみてみよう。E1反応は S_N1 反応と同様，脱離基の開裂から反応が始まり，ついで β 位の水素原子が塩基によりプロトンとして引き抜かれる反応である。一段階目の反応が遅い（律速段階）ため反応速度は出発物質の濃度のみ（1分子の濃度のみ）に左右される。この1分子的な脱離反応を E1反応という。この反応に用いられる塩基はアルコールや水など，弱い塩基が用いられる。

■ E1反応

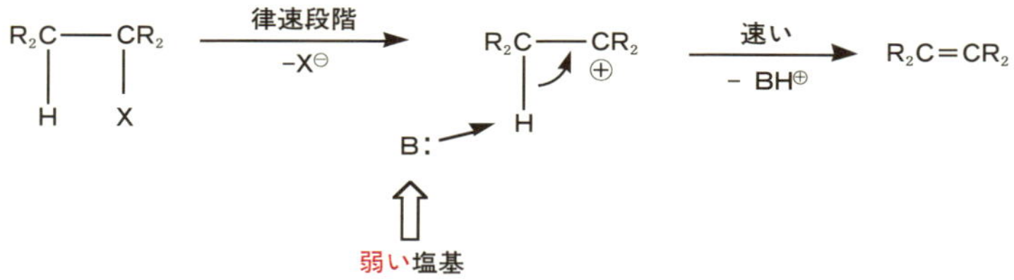

E2反応は，塩基による β 位の水素原子の引き抜きと，脱離基の開裂が同時に起こる脱離反応である。この反応では，出発物質と塩基の2分子の濃度が反応速度を左右することとなる。この2分子的な脱離反応を E2反応という。この反応は脱離する基とプロトンとして引き抜かれる水素原子が同一平面反対方向（近平面アンチ；anti periplanar）に位置したときに最も少ない活性化エネルギーで反応が進行するので，出発基質の立体配置が生成するアルケンの立体配置を左右する（図7.4）。

E2反応

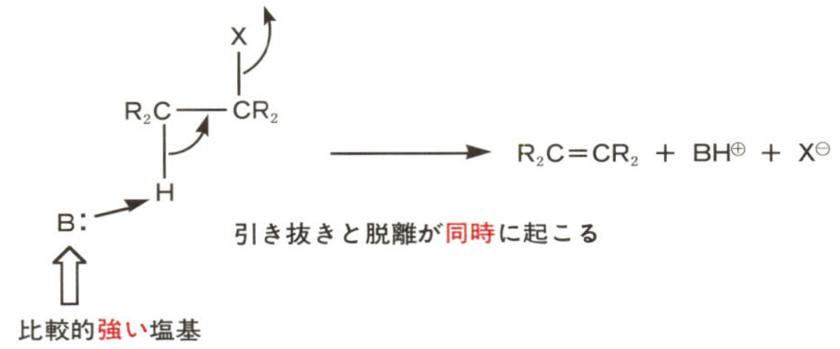
X
R_2C—CR_2
H
B:
$R_2C=CR_2$ + $BH^{\oplus}$ + $X^{\ominus}$
引き抜きと脱離が同時に起こる
比較的強い塩基

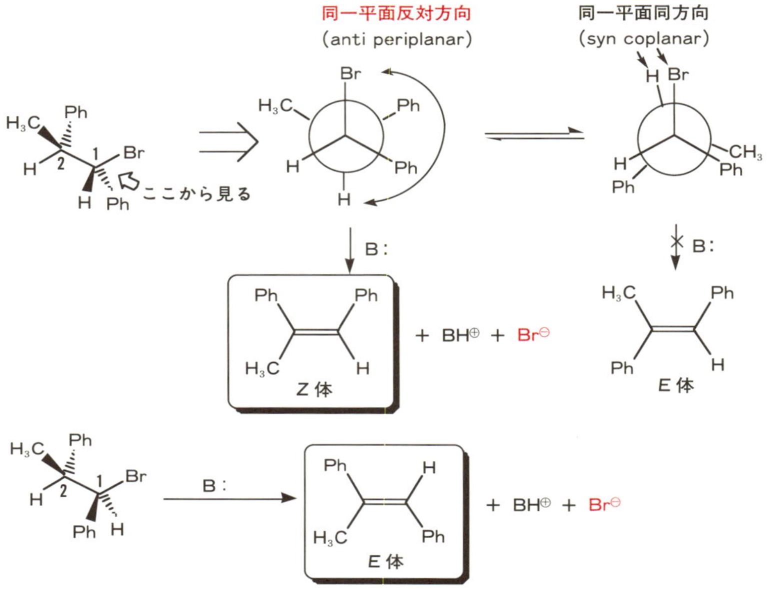
同一平面反対方向
(anti periplanar)
同一平面同方向
(syn coplanar)
ここから見る
B:
Z 体
+ $BH^{\oplus}$ + $Br^{\ominus}$
E 体
B:
E 体
+ $BH^{\oplus}$ + $Br^{\ominus}$

図7.4　E2反応における近平面アンチ構造と生成アルケンの立体との関係

7.3 競争反応

これまで，ハロゲン化アルキルの典型的な反応として S_N1，S_N2，E1，E2についてみてきた。これらの反応は１つの反応条件で同時に起こる可能性がある。例えば S_N1反応とE1反応は同一のカルボカチオンを経由して反応が進行する。このカルボカチオンに求核攻撃が起これば置換反応が進行し，β 位の水素原子がプロトンとして引き抜かれれば脱離反応が進行してアルケンが生成する。このように同時に起こるいくつかの反応のことを競争反応（competitive reaction）という。

S_N1 反応と E1 反応

$R_2C(H)-CR_2(X) \xrightarrow{-X^{\ominus}} R_2C(H)-CR_2^{\oplus} \xrightarrow{B:} R_2C=CR_2 + BH^{\oplus}$ E1 反応生成物

$\xrightarrow{Nu^{\ominus}} R_2C(H)-CR_2(Nu)$ S_N1 生成物

求核剤は塩基としても働く (p.86脚注参照) ⇒ 同条件でこの反応は競争的に起こる

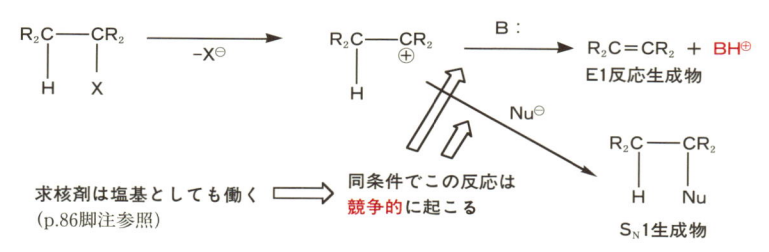

上記には S_N1 反応と E1 反応の関係を記したが，S_N1 と E1，S_N2 と E2 は互いに競争関係にある。これらの競争反応のうち，どの反応が優先して進行するかは反応条件や出発基質における反応中心部の構造に左右される。このことを簡単にまとめるとつぎのようになる（表7.1）。

表7.1 S_N 反応とE反応

RX	S_N2	S_N1とE1	E2
RCH_2X 第一級	比較的強い求核試薬を用いると反応は速い	反応しにくい	立体的にかさ高く非常に強い塩基の使用により起こる
R_2CHX 第二級	比較的強い求核試薬を用いると反応はゆっくりと進行する	弱い求核試薬により反応は進行するが遅い	強塩基の使用により起こる
R_3CX 第三級	反応しにくい	弱い求核試薬により進行する	反応しにくい

7.4 有機金属試薬の調製

有機ハロゲン化合物は有機金属化合物（organometallic compound）の原料としてよく用いられる。有機金属試薬とは有機基と金属元素との間に結合を有する化合物のことをいい，金属原子がハロゲン-炭素結合へ酸化的付加反応（oxidative addition reaction）することにより得られる。上述の節では主にハロゲン化アルキルを中心に取り上げたが，この反応はアルキルに限定されず芳香族ハロゲン化物，ハロゲン化ビニルなどでも進行する。有機金属化合物は有機合成上，非常に重要な試薬として活用されることが多い。有機金属化合物の化学は多岐にわたるので，ここではグリニャール試薬（Grignard reagent）を含む簡単な数例を取り上げるにとどめる。詳

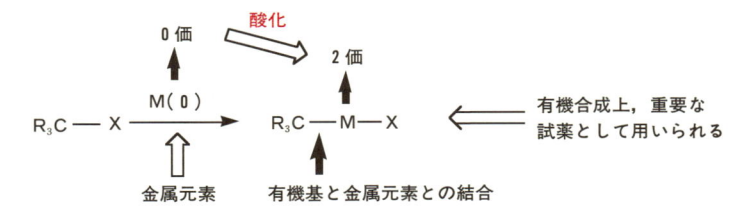

$R_3C-X \xrightarrow{M(0)} R_3C-M-X$

0価 → 酸化 → 2価

金属元素　有機基と金属元素との結合　⇐ 有機合成上，重要な試薬として用いられる

細については，有機金属化合物に関する専門書で学んでもらいたい。

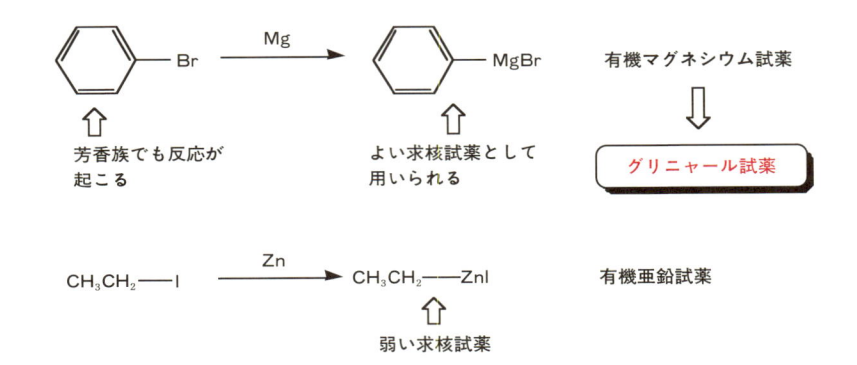

PhBr + Mg → PhMgBr　有機マグネシウム試薬
↑芳香族でも反応が起こる　↑よい求核試薬として用いられる　⇓ グリニャール試薬

CH_3CH_2—I + Zn → CH_3CH_2—ZnI　有機亜鉛試薬
↑弱い求核試薬

まとめ

隣接する電子求引性置換基によって $\delta^{\oplus}$ 性を帯びた原子に対して求核剤が反応して起こる置換反応を求核置換反応という。この反応において求核攻撃する試薬を求核試薬といい，脱離する基を脱離基という。求核置換反応には大きく分けて1分子的な反応（S_N1反応）と2分子的な反応（S_N2反応）が存在し，いずれの反応が起こるかにより生成物の立体は異なる。求核置換反応を行う際，反応条件によっては脱離反応（E1反応とE2反応）が同時におこる可能性がある。このように1つの反応系で同時に起こる反応のことを競争反応という。また，本章ではハロゲン化アルキルと金属試薬との反応もとりあげた。例えばハロゲン化有機化合物と金属マグネシウムとの反応では金属マグネシウムが酸化的付加を起こし，グリニャール試薬が調製される。

章末問題7

問7.1 つぎの各組の化合物を S_N1，および S_N2 反応の起こりやすい順に並べよ。
(a) CH_3CH_2Br, $(CH_3)_2CHBr$, $(CH_3)_3CBr$
(b) $PhCH_2F$, $PhCH_2Cl$, $PhCH_2Br$, $PhCH_2I$

問7.2 1-クロロプロパンとシアン化ナトリウムの S_N2 反応を行った。(a)〜(c)のように反応条件を変えた場合，全体の反応速度はどのように変化するか予測せよ。

$CH_3CH_2CH_2Cl$ + NaCN ⟶ $CH_3CH_2CH_2CN$ + NaCl

(a) 1-クロロプロパンの濃度を3倍にする
(b) 1-クロロプロパンとシアン化ナトリウムの濃度を共に2倍にする
(c) シアン化ナトリウムの濃度を1/2倍にする

問7.3 以下の反応で得られる生成物の構造式と名称を書け。

(a) PhOH + CH$_3$I $\xrightarrow{\text{K}_2\text{CO}_3}$

(b) CH$_2$=CH-CH$_2$-Br + PhMgBr ⟶

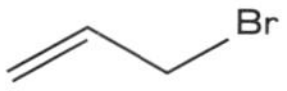

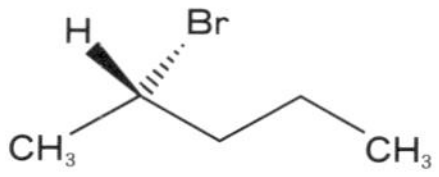

(c) (R)-2-ブロモペンタン（H, Br, CH$_3$, CH$_2$CH$_3$が結合した不斉炭素） + CH$_3$ONa ⟶

(d) 2-ブロモ-2-メチルブタン + KOH ⟶

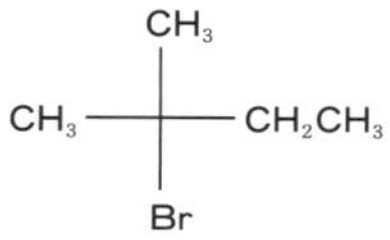

(e) CH$_3$CH$_2$CH$_2$CH$_2$Br + CH$_3$−C≡C$^{\ominus}$ Na$^{\oplus}$ ⟶

(f) CH$_3$CH$_2$CH$_2$CH$_2$Br + NaI ⟶

問7.4 以下の反応で得られる4種類の化合物の構造式を書き，反応機構を説明せよ．不斉炭素がある場合，R体かS体かも明記せよ（S$_N$1機構で考える）．

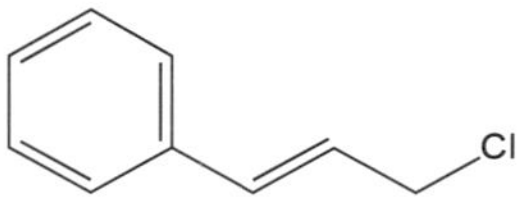

Ph-CH=CH-CH$_2$-Cl + CH$_3$CO$_2$H ⟶

問7.5 2-クロロ-2-メチルプロパンをエタノール水溶液中で加熱すると2種類の生成物が得られる．これらの構造式を描き，どんな反応が起こったか説明せよ．

問7.6 以下に示す *trans*-1-ブロモ-2-メチルシクロヘキサンを水酸化ナトリウムで処理すると，E2脱離によって Saytzeff 則に従わないアルケンが得られる．この化合物の構造式と名称を書き，理由を説明せよ．

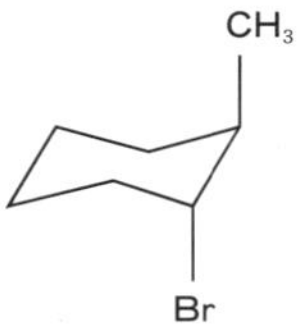

trans-1-ブロモ-2-メチルシクロヘキサン

8 アルコールの化学

　本章では，アルコールの化学的性質，アルコールからエーテルおよびハロゲン化合物の合成反応について学ぶ。また，酸化反応によるカルボニル化合物の合成についても学ぶ。アルコールは，共存する試薬によって，酸としても塩基としても振る舞うが，どんな理由に基づくものかを電子的な観点から理解してもらいたい。

8.1　酸としてのアルコールとウィリアムソンのエーテル合成

　アルコールの骨格の特徴は水酸基を有することである。まず初めにこの水酸基の反応性について見てみよう。アルコールの水酸基は水と同様に解離する能力をもっており，希薄な水溶液中ではごくわずかに**アルコキシドイオン（alkoxide ion）**とプロトンに解離している。つまり，アルコール化合物は**かなり弱い酸**として見なすことができる。この酸性度は水酸基に隣接した炭素上の置換基の効果により変動する。例えば電子供与性基が水酸基に隣接した炭素上に存在すると酸性度は低くなり，逆に電子求引性基が水酸基に隣接した炭素上に存在すると酸性度は高くなる（誘起効果；図4.7参照）。

　アルコキシドイオンは有機合成化学上重要なイオンの1つであり，積極的にアルコキシドを生成させるためには強い塩基を用いる。アルコキシドを用いる有機合成反応としてはハロゲン化アルキルとの反応によるエーテル合成反応が有名である。この反応は**ウイリアムソンのエーテル合成（Williamson ether synthesis）**として知られる。

$$\text{R}-\text{O}-\text{H} \rightleftarrows \text{R}-\text{O}^{\ominus} + \text{H}^{\oplus} \rightleftarrows$$
アルコキシドイオン　　　　アルコールは**酸性**を有する（かなり弱い）

$$\text{R—O—H} + \text{NaH} \longrightarrow \text{R—O}^{\ominus}\text{Na}^{\oplus} + \text{H}_2$$
　　　　　強い塩基　　　　　アルコキシドが効率的に生成

アルコキシドの調製
$$\text{CH}_3\text{CH}_2\text{OH} + \text{NaH} \longrightarrow \text{CH}_3\text{CH}_2\text{O}^{\ominus}\text{Na}^{\oplus} + \text{H}_2$$

アルコキシドとハロゲン化アルキルとの反応＝ウィリアムソンのエーテル合成法
$$\text{CH}_3\text{CH}_2\text{O}^{\ominus}\text{Na}^{\oplus} + \text{PhCH}_2\text{Br} \xrightarrow{\text{S}_\text{N}2\text{反応}} \text{CH}_3\text{CH}_2\text{OCH}_2\text{Ph} + \text{NaBr}$$

　一般的にアルコールの酸性度は上述したようにかなり低い。しかし，アルコールの1種であるフェノールの酸性度は比較的高い。これは，解離したときに生じるフェノキシドアニオンがベンゼン環から共鳴安定化を受けるためである（図8.1）。酸性度の強弱を示す値に pK_a がある。これは酸解離（acid dissociation）における平衡定数（equilibrium constant）K_a の指数をはずすために $-\log K_a$ として求まる値である。pK_a の値が小さい化合物ほど高い酸性度をもち，数値が1小さくなると10倍酸性度が高くなることを示している。水，エタノール，フェノールのpK_a はそれぞれ15.7, 16.0, 10.0である。上述のことをもとに，この数値の大小関係についてもう一度考察してもらいたい。

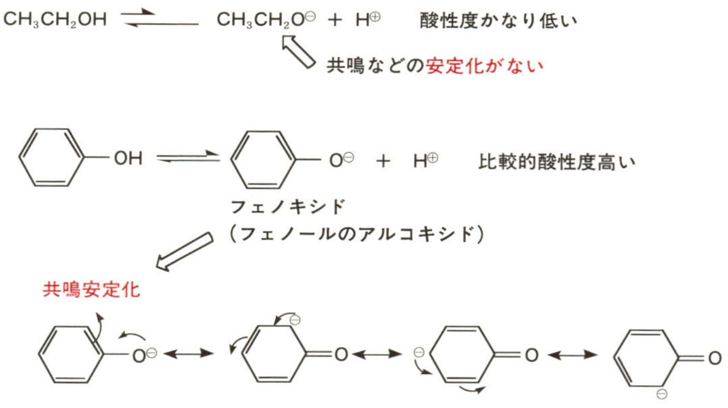

図8.1　アルコールの酸性度とフェノールの酸性度との違い

8.2　塩基としてのアルコールと置換，脱離反応

　アルコールの酸素原子は2組のローンペアをもつ。このため，水と同様にアルコールの水酸基は強酸からプロトンを受け取り，オキソニウムイオンとなる。このようにアルコールは塩基としても働くのである。
　オキソニウムイオンはハロゲン原子と同様に非常によい脱離基となるので，アルコールの水酸基を置換する反応は酸性条件下で行われる（図8.2）。

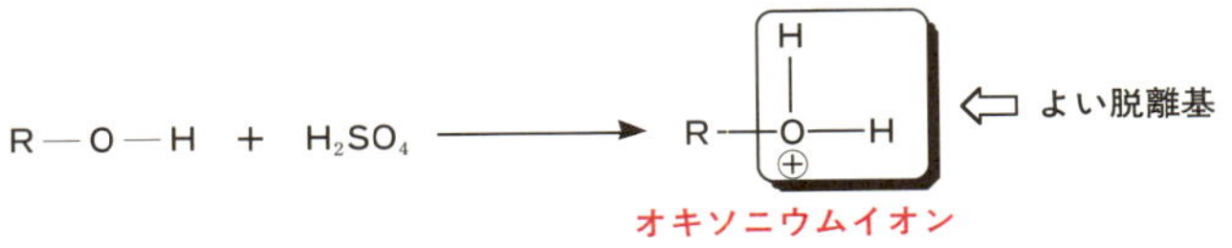

$$R-O-H + H_2SO_4 \longrightarrow R-\overset{+}{O}H_2 \quad \Leftarrow \text{よい脱離基}$$

オキソニウムイオン

オキソニウムイオンを経由する置換反応

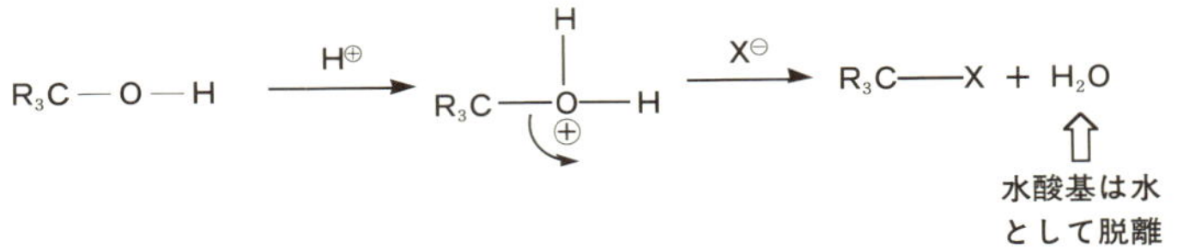

$$R_3C-O-H \xrightarrow{H^{\oplus}} R_3C-\overset{+}{O}H_2 \xrightarrow{X^{\ominus}} R_3C-X + H_2O$$

水酸基は水として脱離

図8.2 アルコールの置換反応

このようにハロゲン化アルキルはハロゲン化水素とアルコールとの反応により合成される。この方法ではアルコールの水酸基の脱離性を高めるために酸を用いているが，水酸基を他の安定な化合物に変換するためのハロゲン化試薬{塩化チオニル (thionyl chloride)*，三臭化リン (phosphorous tribromide) など}も市販されている。この試薬はアルコールから簡便にハロゲン化アルキルを合成できる試薬であるので，覚えておいてもらいたい。

*塩化チオニルによるハロゲン化~S_Ni反応~：塩化チオニルなどを用いて，アルコールからハロゲン化アルキルを合成する反応では，速度論的観点からは二次反応であるが，立体保持で反応が進む。第一段階で，酸素による求核反応が起こった後，第二段階では，塩素による求核反応が切断する結合と同じ側から分子内で起こる。

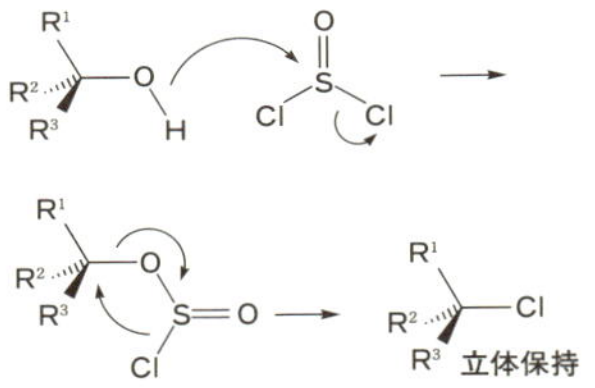

■ アルコールとハロゲン化水素との反応によるハロゲン化アルキルの合成

$$Me_2CH-OH \xrightarrow[ZnCl_2]{HCl} Me_2CH-Cl$$

ハロゲンが塩素の場合，触媒が必要

$$Me_2CH-OH \xrightarrow{HBr} Me_2CH-Br$$

■ アルコールとハロゲン化試薬との反応によるハロゲン化アルキルの合成

シクロペンタノール $\xrightarrow{SOCl_2}$ クロロシクロペンタン $+ SO_2 + HCl$

塩化チオニル　　　　　アルコールの水酸基から

$3\ \text{(2-propanol)} \xrightarrow{PBr_3} 3\ \text{(2-bromopropane)} + P(OH)_3$

三臭化リン　　　　　アルコールの水酸基から

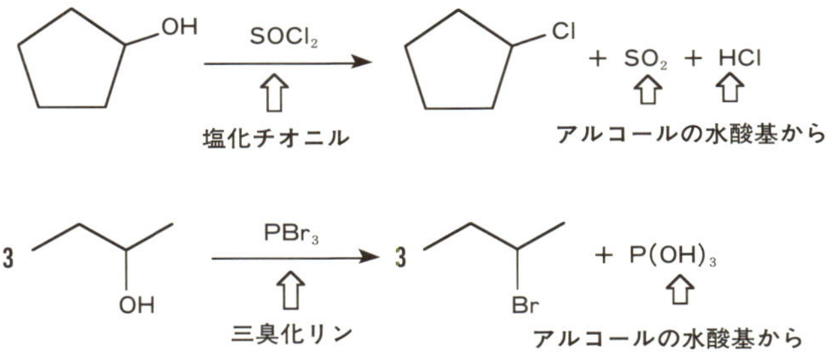

また，置換反応と同様にアルコールの脱水反応も酸性条件下で行われ，アルケンを生成する。この反応はE1反応で進行し，生成するアルケンは

Saytzeff 則に従い，より置換されたアルケンを主に与える（7.2.1参照）。

<chemical reaction: 1-methylcyclohexanol + H₂SO₄ (E1反応) → 1-methylcyclohexene (主生成物 ← 置換数の多いアルケン) + methylenecyclohexane>

8.3 アルコールの酸化反応

アルコールは酸化を受けやすい化合物である。エタノールは生体内で酸化を受けアセトアルデヒドに代わり，酢酸を経由して二酸化炭素まで代謝される。アルコールの酸化はアルコールの種類により異なる。第一級アルコールは酸化され，アルデヒドもしくはカルボン酸を生成する。第一級アルコールからカルボン酸を合成する際，酸化クロム／硫酸（Jones 酸化）などの**強い酸化剤**が用いられ，**第一級**アルコールからアルデヒドを合成するにはクロロクロム酸ピリジニウム（pyridinium chlorochromate；PCC）やDMSO／塩化オキサリル／トリエチルアミン（Swern 酸化）などの**穏和で**アルデヒドを酸化することができない試薬を用いる。**第二級**アルコールは酸化剤により酸化され，ケトンを与える。**第三級アルコールは酸化を受けない**。このようにアルコールの酸化反応はアルコールの級数によって異なる。

■ 第一級アルコールの酸化

カルボン酸の合成

$RCH_2OH \xrightarrow[\text{強い酸化剤}]{CrO_3, H_2SO_4} RCO_2H$ カルボン酸　Jones 酸化

アルデヒドの合成

$RCH_2OH \xrightarrow[\text{酸化力の弱い酸化剤}]{PCC} RCHO$ アルデヒド

<pyridinium chlorochromate structure: pyridinium-N⁺H [ClCrO₃⁻]>

PCC：pyridinium chlorochromate

$RCH_2OH \xrightarrow[\substack{COCl \\ | \\ COCl}]{DMSO, (CH_3CH_2)_3N} RCHO$ 　Swern 酸化

← 塩化オキサリル

DMSO：dimethylsulfoxide

$CH_3-\underset{\underset{O}{\|}}{S}-CH_3$

■ 第二級アルコールの酸化

$$\text{RCHOH} \xrightarrow{\text{CrO}_3, \text{H}_2\text{SO}_4} \underset{\text{O}}{\overset{\text{R}\quad\text{R}}{\text{C}}} \quad \text{Jones 酸化}$$

⇐ ケトンはこれ以上酸化を受けないので，強い酸化剤の使用可

■ 第三級アルコールの酸化

$$\underset{\text{R}}{\overset{\text{R}}{\text{RCOH}}} \xrightarrow[\times]{\text{CrO}_3, \text{H}_2\text{SO}_4} \quad \text{第三級アルコールは酸化されない}$$

まとめ

　アルコールは反応する試薬により酸としても塩基としても働く。ウィリアムソンのエーテル合成は，アルコールの酸としての性質を利用し，適切な塩基との反応によりアルコキシドを生成させ，ついでこれをハロゲン化アルキルと S_N2 反応させる有用なエーテル合成法である。また，アルコールが強い酸に対しては塩基として働くことを利用し，ハロゲン化水素と反応を行うとアルコールの水酸基をハロゲン原子に置換することが可能となる。脱水反応によるアルケンの合成もアルコールの塩基としての特性を利用したものである。アルコールのハロゲン化は塩化チオニルや三臭化リンなどのハロゲン化試薬を用いるとより簡便に行うことができる。また，第三級アルコールを除き，アルコールは容易に酸化を受け第一級アルコールはアルデヒドもしくはカルボン酸へ，第二級アルコールはケトンへ変換される。

章末問題 8

問8.1 つぎの各組の化合物を酸性度の高い順に並べよ。

(a) CH_3OH, CH_3CH_2OH, $ClCH_2OH$, CH_3OCH_2OH

(b) C₆H₅–OH, O₂N–C₆H₄–OH, CH₃O–C₆H₄–OH

(c) C₆H₅–OH, 2-(COCH₃)C₆H₄–OH, CH₃O–C₆H₄–OH

問8.2　cis-1,3-シクロヘキサンジオールの二種類の立体構造を描き，両者の安定性について考察せよ．この際，水酸基に働く水素結合に着目して考えよ．

問8.3　つぎの反応で得られる化合物の構造と名称を書け．

(a) CH₃CH₂CH₂CH₂OH →[PBr₃]

(b) (CH₃)₃C-OH + HCl →[ZnCl₂]

(c) HO-(CH₂)₄-OH →[H₂SO₄]

(d) CH₃CH₂OH →[K₂Cr₂O₇ / H⊕]

(e) CH₃CH₂OH →[PCC]

問8.4　つぎの空欄A〜Cに当てはまる化合物の構造式と名称を書き，反応式を完成させよ．

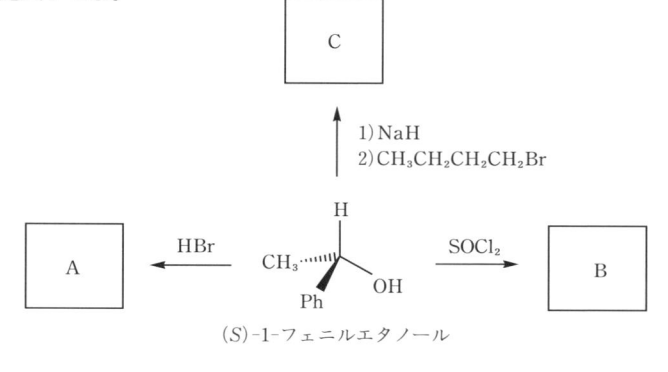

(S)-1-フェニルエタノール
— HBr → A
— SOCl₂ → B
— 1) NaH 2) CH₃CH₂CH₂CH₂Br → C

問8.5　つぎの化合物を硫酸で処理して得られるアルケンの構造式と名称を書け．また，2種類以上の生成物がある場合には，主生成物を示せ．
(a) 2-メチル-2-プロパノール
(b) 2,3-ジメチル-2-ペンタノール

問8.6　2-ヒドロキシ-1-フェニルプロパンの酸触媒による脱水反応を行った．得られる化合物の構造式と名称を書け．また，どの化合物が主生成物と考えられるか．

9 エーテルの化学

エーテルはアルコールと同様に酸素原子を含む化合物であり，アルコールの構造異性体であるが，アルコールと比べ反応性はかなり低い。このため，エーテルは反応用の極性有機溶媒として用いられることが多い。ジエチルエーテルやテトラヒドロフラン（THF）は広く使用されている有機溶媒である。

本章では，エーテルの開裂反応とエポキシドの合成，反応について学ぶ。三員環エーテルであるエポキシドは，歪みが大きいために反応性が高く，主にアルコール類の原料として有用である。塩基性を有するエーテルが，酸性条件下でどのような反応を起こすのか理解してもらいたい。

9.1 エーテルの酸化反応

エーテルを酸素存在下放置すると，酸素によりゆっくり酸化を受け過酸化物を生成する。この反応を自動酸化と呼ぶ。この過酸化物は加熱により爆発する。このため，エーテル化合物の蒸留には注意を要する。

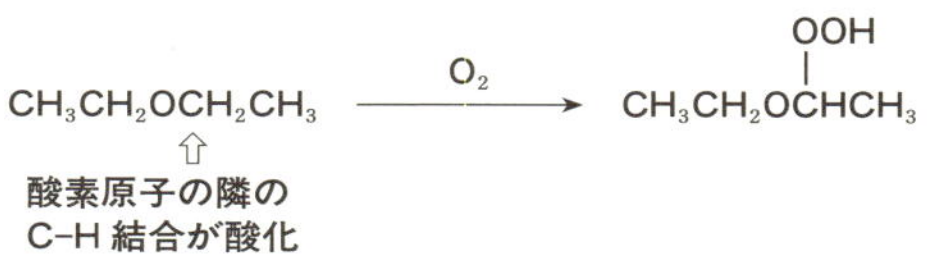

$$CH_3CH_2OCH_2CH_3 \xrightarrow{O_2} CH_3CH_2OCHCH_3\text{(OOH)}$$

↑
酸素原子の隣の
C–H 結合が酸化

9.2 エーテル結合の開裂反応 〜置換反応〜

エーテルの酸素原子はローンペアを有するのでエーテルは塩基性の化合物である。強酸との反応により，エーテルの酸素原子がプロトン化を受け，活性となり酸素−炭素結合の開裂が起こる。例えばエーテルとハロゲン化水素との反応を行うとハロゲン化アルキルが生成する（図9.1）。ここで，非対称エーテルの場合，どちらの結合が開裂するかが問題となる。第三級炭

素がある場合，S_N1機構の反応が進行しやすく，こちら側が開裂する。第三級炭素がない場合には，S_N2機構の反応が起こりやすく，より立体障害の小さい側の結合が開裂する。

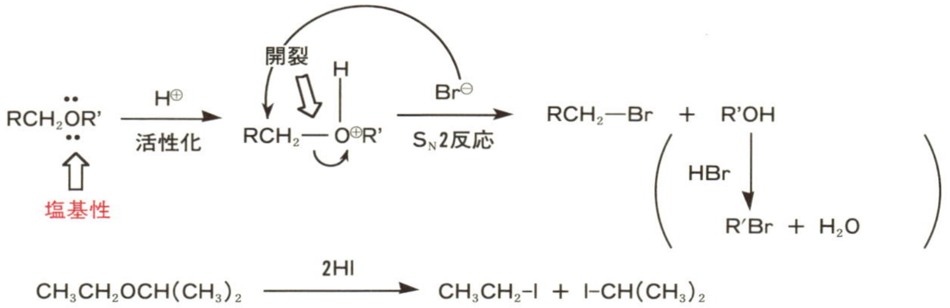

図9.1　エーテル結合の開裂による置換反応

上述のようにエーテルの開裂反応は酸性条件下で起こるが，エポキシドのような歪みの大きい環状エーテルでは酸性，塩基性の両条件下で開裂が起こる。これは，開環反応により環歪みが解消されるためである。

■ 酸性条件

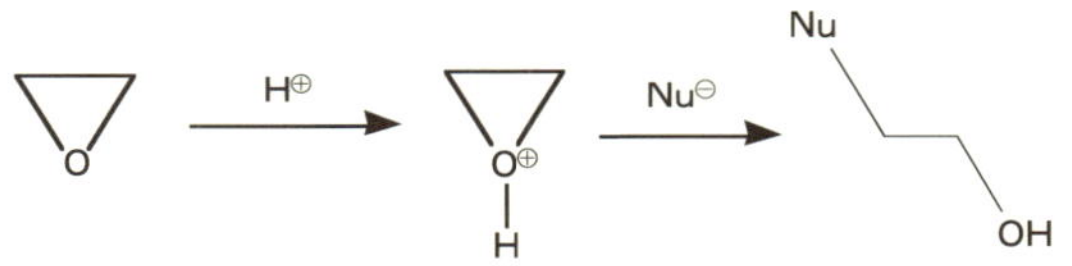

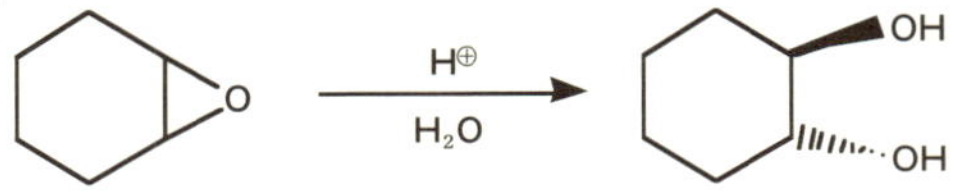

■ 塩基性条件下

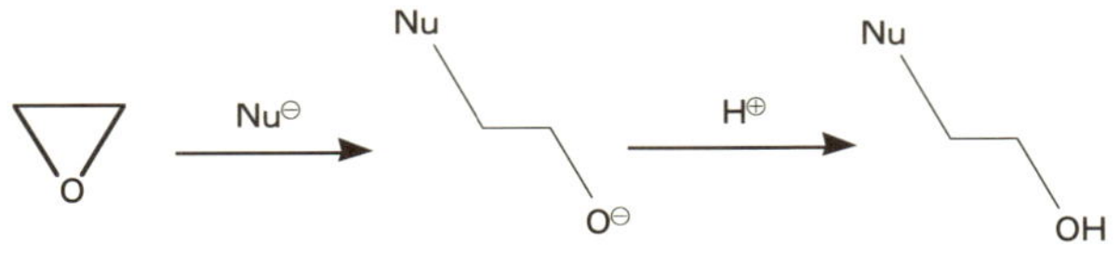

※ 生成したアルコキシドを中和

9.3　エポキシドの合成

エポキシドは接着剤などの中間原料として重要な化合物の1つである。環歪みの大きなエポキシドはウィリアムソンのエーテル合成法によって合成することは難しい。ここではエポキシドの合成法について触れる。エポ

キシドの合成はアルケンと過酢酸や m-クロロ過安息香酸（m-chloroperbenzoic acid；mCPBA）などの過酸化物との反応により合成され，この反応は出発物質の立体を保持した生成物を与える。

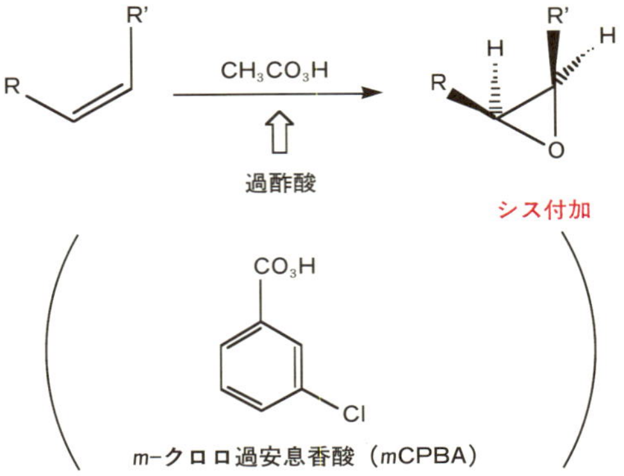

$$\text{アルケン} \xrightarrow{CH_3CO_3H} \text{エポキシド（シス付加）}$$

（過酢酸）

（m-クロロ過安息香酸（mCPBA））

まとめ

　エーテルはアルコールの構造異性体であるが，水酸基をもたないのでアルコールよりも比較的安定である。エーテルの酸素原子はアルコールと同様に塩基性を示すため，酸性条件下でエーテル結合の開裂を伴った置換反応を起こす。エーテル化合物の中でも，三員環エーテルであるエポキシドは高い環歪みのため通常のエーテルにはない反応性を示し，酸性，塩基性両条件下で開環しアルコール化合物を与える。エポキシドはアルケンを mCPBA などのカルボン酸の過酸化物を用いることにより容易に調製される。

章末問題 9

問 9.1 つぎの各組の化合物を塩基性度の高い順に並べよ。

(a) $CH_3CH_2\text{-O-}CH_2CH_3$，$Ph\text{-O-}CH_2CH_3$，$Ph\text{-O-}Ph$

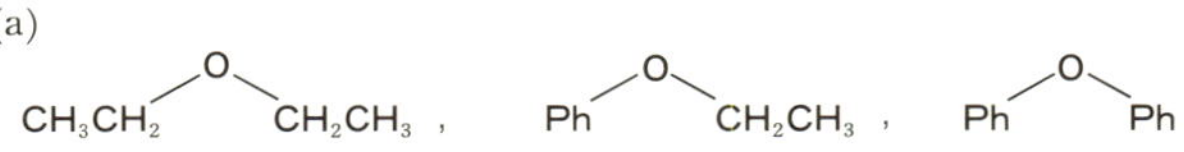

(b) $PhOCH_3$，$4\text{-}CH_3O\text{-}C_6H_4\text{-}OCH_3$，$4\text{-}O_2N\text{-}C_6H_4\text{-}OCH_3$

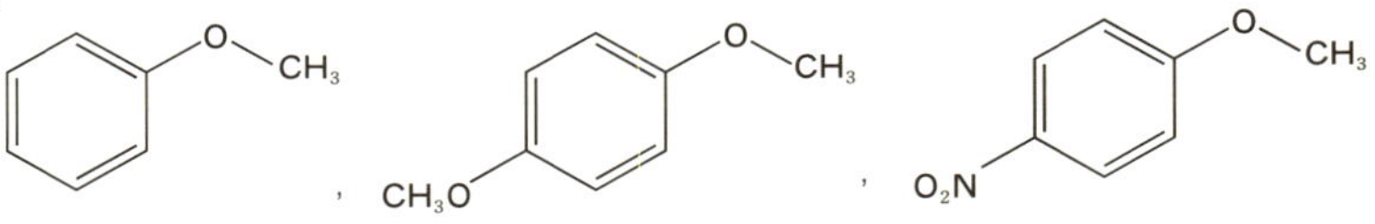

問 9.2 つぎの反応で得られる化合物の構造式と名称を書け。

(a) $(CH_3)_3C\text{-O-}CH_3 + CF_3CO_2H \longrightarrow$

(b)

CH₃CH₂OH + [エポキシド] →(H⁺)

(c)

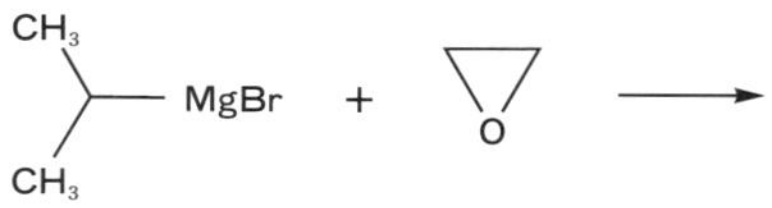

(CH₃)₂CH-MgBr + [エポキシド] →

問9.3 *t*-ブチルメチルエーテルをWilliamsonエーテル合成法によって得るには，つぎの2通りの方法が考えられる．どちらがより有効な方法であるか考えよ．

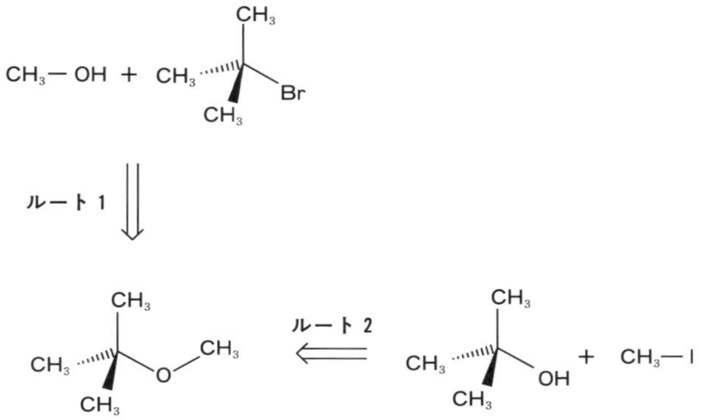

CH₃—OH + (CH₃)₃C—Br

ルート1 ⟹

(CH₃)₃C—O—CH₃ ⟸ ルート2 (CH₃)₃C—OH + CH₃—I

問9.4 エチルイソプロピルエーテルを等量の臭化水素酸と反応させて得られるハロゲン化合物の構造式と名称を書け．2種類の生成物が考えられる場合，主生成物はどちらであるか答えよ．

問9.5 Williamsonエーテル合成は，ジフェニルエーテルの合成には使えない．この理由を考察せよ．

問9.6 *trans*-2-ブテンと*cis*-2-ブテンを*m*CPBAでエポキシ化した．生成物の構造式を*R*, *S*配置も含めて書け．

10 アルデヒドとケトンの化学

　カルボニル基（carbonyl group）は有機化合物，生体関連物質の中で最も広く存在し，重要な官能基の1つである。ここでは，カルボニル化合物の一種であるアルデヒドとケトンについて学ぶ。

10.1　カルボニル基の分極構造と求核付加反応

　カルボニル基は炭素–酸素二重結合からなる官能基である。この結合はアルケンと同様に sp^2 混成軌道（4.1参照）により構成されるものであり，二重結合のうち1本の結合は σ 結合，もう1本は π 結合である。アルケンにおける二重結合は炭素と炭素との間の結合であるので，一般的に結合電子に偏りはない。しかし，カルボニル基の二重結合は，炭素と電気陰性度の大きな酸素原子との間の結合であるためにその電子は酸素側に偏り，大きく分極している。これにより，カルボニル基の炭素原子は電子が不足した状態となっている。また，カルボニル基の酸素原子はローンペアを有するので，塩基としての性質を持ち，酸と結合を形成する。酸と結合を作ることにより，カルボニル基の分極はより大きくなり，反応性はより増大する（活性化）。

■　カルボニル基の二重結合と分極

10 アルデヒドとケトンの化学

アルデヒドとケトンでは，この分極構造によりカルボニル基の炭素が求核試薬からの攻撃を受け，**求核付加反応 (nucleophilic addition reaction)** が起こる。

反応形式 1

求核攻撃

反応形式 2 ← カルボニル基の活性化が先

また，アルデヒドとケトンではアルデヒドの方が，反応性が高い。これは，ケトンよりもアルデヒドの方が立体的な混み合いが少ないことと，アルキル基の電子供与効果 (4.2.1参照) による不活性化が起こらないためである。

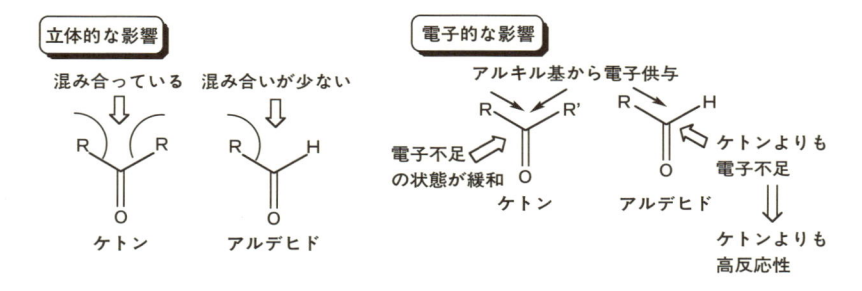

立体的な影響
混み合っている → ケトン
混み合いが少ない → アルデヒド

電子的な影響
アルキル基から電子供与
電子不足の状態が緩和 → ケトン
ケトンよりも電子不足 → アルデヒド
ケトンよりも高反応性

ケトンもしくはアルデヒドのカルボニル基に対する，種々の試薬の求核付加反応について見てみよう。以下の反応式のR'はアルキル基もしくは水素原子を示す。

まずは，アルコール化合物の合成に利用される求核付加反応を示す。

■ 水和反応

$$R\text{-}CO\text{-}R' \xrightarrow[\begin{subarray}{l}[Nu^\ominus : H_2O\\ E^\oplus : H^\oplus\\ 反応形式2]\end{subarray}]{H_2O, H^\oplus} R\text{-}C(OH_2^\oplus)(R')\text{-}OH \xrightleftharpoons{-H^\oplus} R\text{-}C(OH)(R')\text{-}OH$$

不安定なため単離できない（多量の水の中でのみ生成）

■ グリニャール試薬の付加

$$R\text{-}CO\text{-}R' \xrightarrow[\begin{subarray}{l}[Nu^\ominus : R''^\ominus\\ E^\oplus : MgBr^\oplus\\ 反応形式1]\end{subarray}]{R''\text{-}MgBr} R\text{-}C(R'')(R')\text{-}O\text{-}MgBr \xrightarrow{H^\oplus} R\text{-}C(R'')(R')\text{-}OH$$

■ シアン化水素の付加

$$R\text{-}CO\text{-}R' \xrightarrow[\begin{subarray}{l}[Nu^\ominus : CN^\ominus\\ E^\oplus : H^\oplus\\ 反応形式2]\end{subarray}]{HCN} R\text{-}C(CN)(R')\text{-}OH$$

同一炭素に水酸基とシアノ基

シアノヒドリン（cyanohydrin）

■ 金属ヒドリドの付加（還元反応）

水素化アルミニウムリチウム

$$R\text{-}CO\text{-}R' \xrightarrow[\begin{subarray}{l}[Nu^\ominus : H^\ominus\\ E^\oplus : Al^{3\oplus}\\ 反応形式1]\end{subarray}]{Li^\oplus AlH_4^\ominus} (R\text{-}CH(R')\text{-}O)_4 Al^\ominus Li^\oplus \xrightarrow{H^\oplus} 4\ R\text{-}CH(R')\text{-}OH$$

水素化ホウ素ナトリウム

$$R\text{-}CO\text{-}R' \xrightarrow[\begin{subarray}{l}[Nu^\ominus : H^\ominus\\ E^\oplus : B^{3\oplus}\\ 反応形式1]\end{subarray}]{Na^\oplus BH_4^\ominus} (R\text{-}CH(R')\text{-}O)_4 B^\ominus Li^\oplus \xrightarrow{H^\oplus} 4\ R\text{-}CH(R')\text{-}OH$$

LiAlH₄ と NaBH₄ は炭素-炭素二重結合を一般的に還元しない

つぎにケトンに対する，アルコールもしくはアミンの求核付加反応について見てみよう。これらの付加反応では生成するアルコール化合物は不安定であり，脱水もしくは置換反応により一層安定な化合物に変換される。これにより，アルコールの付加反応ではアセタール（acetal）を生成し，アミンではイミン（imine）（Schiff 塩基ともいう）を生成物として与える。アミン類似の化合物であるヒドロキシルアミン，ヒドラジンも同様に反応し，それぞれオキシム（oxime）およびヒドラゾン（hydrazone）を与える。

■ アルコールの付加 ～アセタールの合成～

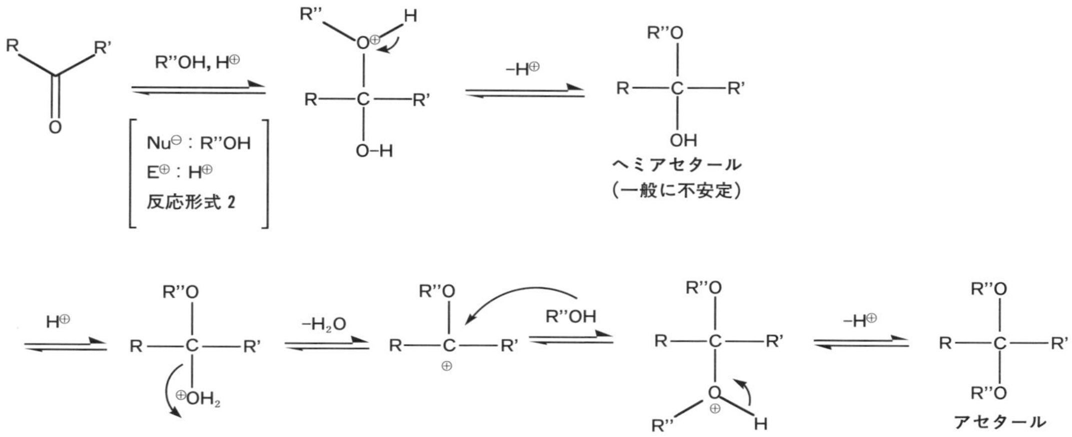

■ アミンの付加 ～イミン（シッフ塩基）の合成～

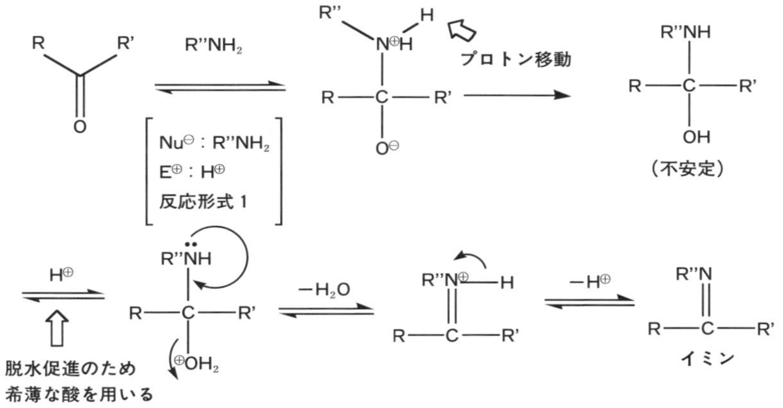

■ 他の窒素化合物の付加

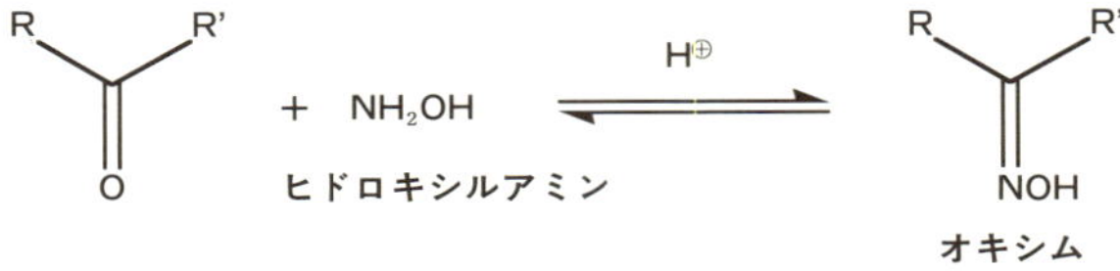

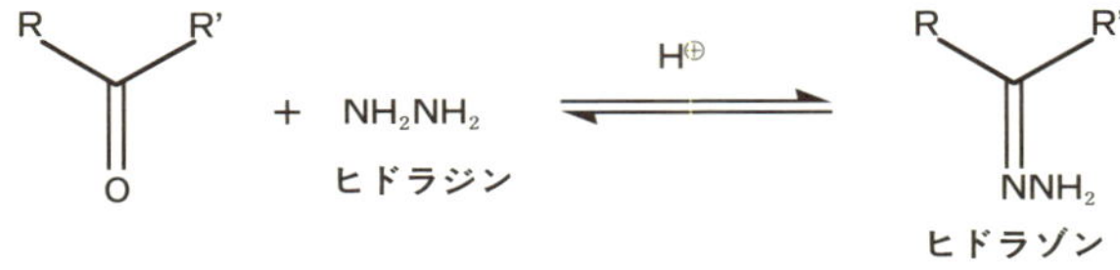

[ケトン] + NH₂OH (ヒドロキシルアミン) ⇌ (H⁺) [オキシム (C=NOH)]

[ケトン] + NH₂NH₂ (ヒドラジン) ⇌ (H⁺) [ヒドラゾン (C=NNH₂)]

　これらの反応は平衡反応であるので，目的とする化合物を効率的に得るにはルシャトリエの原理を考慮し，平衡 (equilibrium) を目的物に移行させる必要がある（図10.1）。反応が平衡であるということは，生成物を簡単に出発物質に戻すことが可能であるので，これらの反応はカルボニル基の保護 (protection) にも利用できる。特にアセタールはカルボニル基の保護基 (protecting group) として有用である。カルボニル基の保護について簡単に見ておこう（図10.2）。

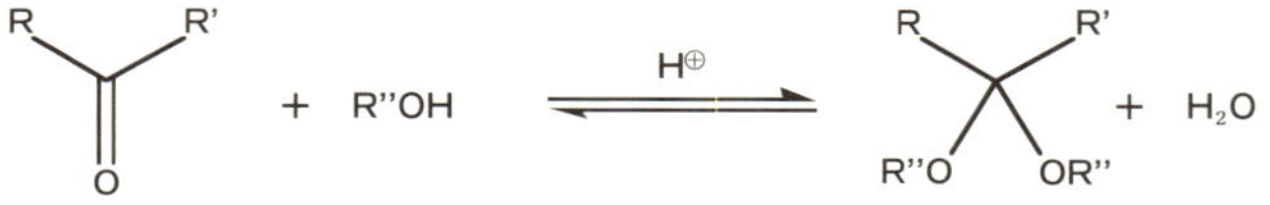

[ケトン] + R''OH ⇌ (H⁺) [アセタール (R''O-C-OR'')] + H₂O

> **ルシャトリエの原理**
> 平衡反応では，濃度，温度等の反応条件を変えると，その影響をなるべく減らそうとする方向に反応が向かい新しい平衡に達する。

アルコールを大過剰に用いる ---▶ アルコールを減らす方に反応がより進む
　　　　　　　　　　　　　　　　（アセタール化が進む）
水を反応系から取り除く ---▶ 水を生じる方に反応がより進む
　　　　　　　　　　　　　　（アセタール化が進む）
水を加える…＞水を減らす方に反応がより進む
　　　　　　　（アセタールが分解し，ケトンを生成）

図10.1　ルシャトリエの原理と平衡反応

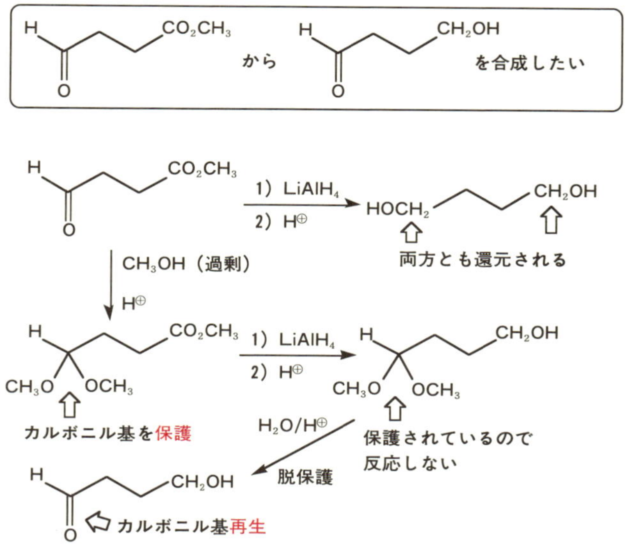

図10.2 アセタール骨格の保護基としての利用例

つぎにリンイリドの付加反応を取り上げる。リンイリドとカルボニル化合物との反応は Wittig 反応として知られ、アルデヒドもしくはケトンからアルケンを合成する重要な反応である。イリドは正電荷と負電荷が隣り合っている双極性化合物のことをいう。

■ リンイリドの付加　〜アルケンの合成　Wittig 反応〜

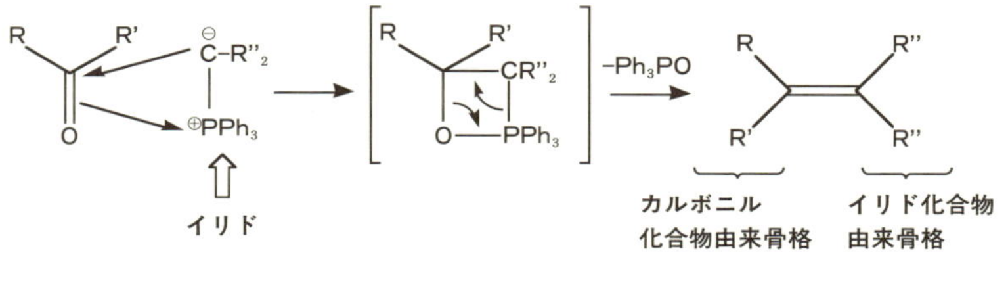

10.2　α-プロトンの酸性度とエノラートイオンの反応

カルボニル基の隣接炭素上のプロトンが引き抜かれ生じるカルボアニオンはカルボニル基による共鳴安定化を受け、エノラートイオン (enolate ion) を与える*。このような理由により、カルボニル基の α 位のプロトンは弱い酸性を示し、この酸性度は他の有機化合物と比べて比較的高い（図10.3）。2つのカルボニル基により活性化されたメチレンプロトンの酸性度は水の酸性度よりも高いことは興味深い。

*エノラート生成における熱力学的支配と速度論的支配：ある反応で2種類の生成物が考えられる場合、生成物の熱力学的安定性の差によって決まる場合を熱力学的支配、基質反応点の反応速度の差によって決まる場合を速度論的支配と呼ぶ。2-メチルシクロヘキサノンからエノラートを生成する場合、t-BuOK を用いて高温で反応を行うと、メチル基の付け根の水素が引き抜かれたエノラートができるが、LDA (N,N-ジイソプロピルリチウムアミド) を用いて低温で反応を行うと、立体障害の小さい水素が引き抜かれたエノラートができる。

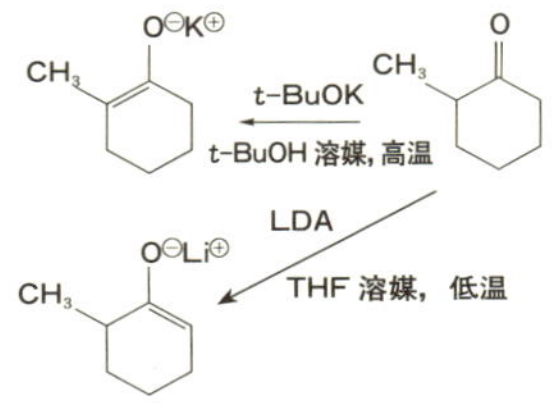

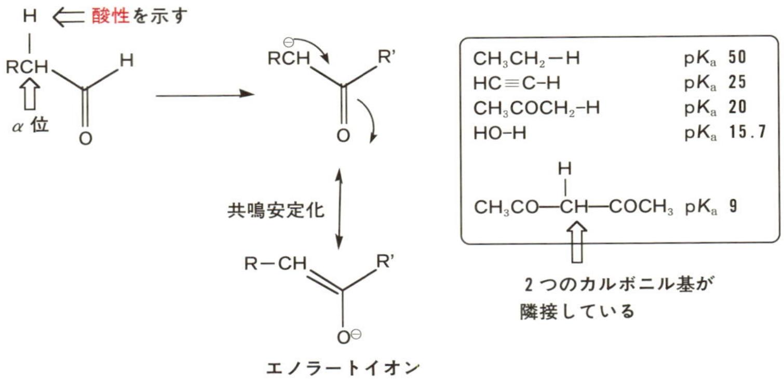
酸性を示す
α位
共鳴安定化
エノラートイオン
CH3CH2−H pKa 50
HC≡C−H pKa 25
CH3COCH2−H pKa 20
HO−H pKa 15.7
CH3CO—CH—COCH3 pKa 9
2つのカルボニル基が
隣接している

図10.3 カルボニル化合物の酸性度

エノラートは水素化ナトリウムや水酸化ナトリウム等の適当な塩基によって調製され，生じたエノラートは，よい求核試薬としてそのまま有機合成反応に用いられる(図10.4)。つぎに，エノラートイオンと求電子試薬との求核反応について見てみよう。ここでは，ハロゲン化とアルドール反応（aldol reaction）をとりあげる。

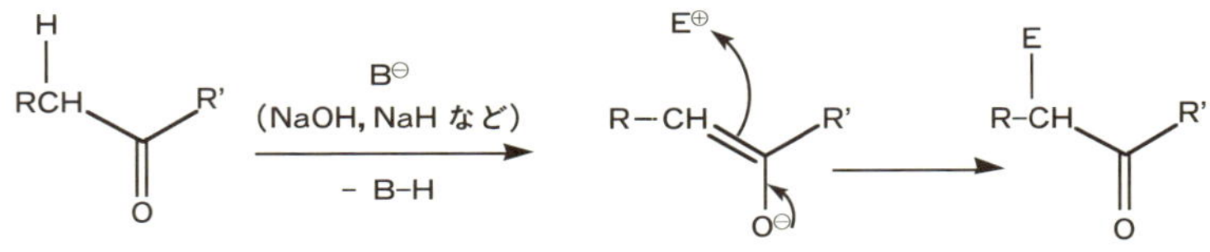
(NaOH, NaH など)
- B-H

図10.4 エノラートの調製とその求核反応

ハロゲンとの反応

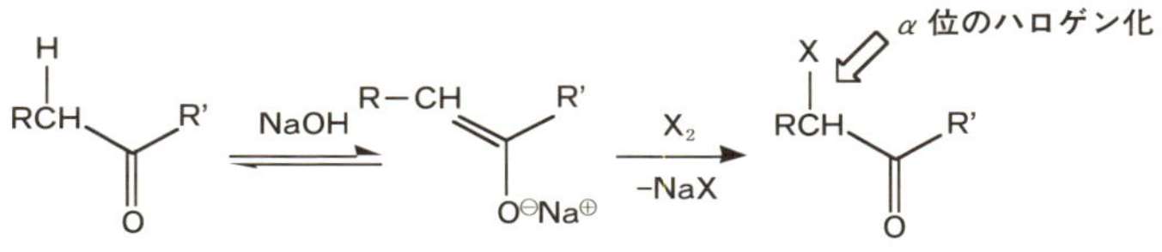
NaOH
-NaX
α位のハロゲン化

アルデヒドとの反応（アルドール反応）

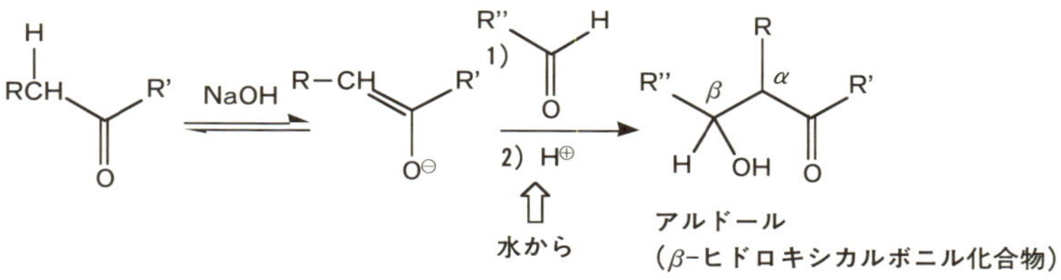
NaOH
水から
アルドール
(β-ヒドロキシカルボニル化合物)

アルドール反応により生成した β-ヒドロキシカルボニル化合物は比較的容易に脱水（dehydration）し，エノン（enone）を与える。通常，脱水による炭素-炭素二重結合の生成反応は酸性条件下で行われるが（8.2参照），アルドールの脱水反応は塩基性条件下でも起こる。

アルドールの脱水反応

■ 酸触媒による脱水

[構造式：酸触媒による脱水機構。プロトン化 → −H$_2$O, −H$^+$ → エノン（ene + one = enone）]

■ 塩基触媒による脱水

[構造式：塩基触媒による脱水機構。塩基によるαプロトンの引き抜き → −H$_2$O → −OH$^-$]

10.3 アルデヒド，ケトンの酸化反応と還元反応

ケトンは酸化剤による酸化を受けないが，アルデヒドは容易に酸化され，カルボン酸に変換されることを先の章で学んだ（3.3.6, 4.2.3参照）。この酸化反応は酸素などの穏和な酸化剤でも起こる。このようなアルデヒドの酸化されやすい性質を利用した定性試験試薬がいくつか見いだされている。

$$\text{RCHO} \xrightarrow[\text{Tollens 試薬}]{[\text{Ag(NH}_3)_2]\text{OH}} \text{RCO}_2^- + \text{Ag} \quad \text{反応容器表面に銀鏡ができる}$$

$$\text{RCHO} \xrightarrow[\substack{\text{Fehling 試薬}\\ \text{or}\\ \text{Benedict 試薬}}]{\text{Cu(OH)}_2} \text{RCO}_2^- + \text{Cu}_2\text{O} \quad \text{赤色沈殿ができる}$$

ケトンとアルデヒドは，ともにヒドリド（hydride）の付加により還元され，アルコールに変換される（10.1参照）。

α位にプロトンを有するアルデヒドを塩基性条件下で反応させると，アルドールを生成物として与えるが，α位にプロトンのないアルデヒドではアルデヒドの酸化反応と還元反応が同時に起こり，還元体であるアルコールと酸化体であるカルボン酸を同時に与える。この反応をCannizzaro反応という。この反応は先に反応したアルデヒドからヒドリドが脱離する特

殊な反応である。反応例と反応機構を以下に示す。

Cannizzaro 反応

ベンズアルデヒド →(1) NaOH, 2) H⊕) ベンズアルデヒドの酸化体（-CO₂H） ＋ ベンズアルデヒドの還元体（-CH₂OH）

PhCHO ＋ HCHO →(1) NaOH, 2) H⊕) PhCH₂OH ＋ HCO₂H

↑過剰に用いる　　← 還元剤として利用

反応機構

PhCHO ＋ OH⁻ → Ph-C(OH)(H)(O⁻) → PhCHO ＋ ...
ヒドリド脱離基が求核種となる

→ PhCO₂⁻ ＋ PhCH₂O⁻

→(H⊕) PhCO₂H ＋ PhCH₂OH

まとめ

アルデヒドやケトンは，カルボニル基をもち，その結合は sp^2 混成軌道により構成されている。この官能基は分極しているため反応性が高く，カルボニル基の炭素は求核攻撃を受け，求核付加反応（nucleophilic addition reaction）が起こる。アルデヒドとケトンでは，アルデヒドの方が反応性が高い。その理由として，アルデヒドの方が立体障害が少ないことや，アルキル基の電子供与効果による不活性化が起こらないことがあげられる。α-水素をもつアルデヒドやケトンは，塩基によってエノラートイオンになり，よい求核剤として有機合成反応に用いられる（ハロゲン化，アルドール反応）。ケトンは酸化剤による酸化を受けないが，アルデヒドは容易に酸化されカルボン酸に変換される。また，アルデヒドやケトンは，ともにヒドリドの付加により還元され，アルコールに変換される。

章末問題10

問10.1 アルデヒドとケトンに対する求核剤との反応性の違いについて説明せよ。

問10.2 アセトアルデヒドを原料にして，つぎの化合物に変換せよ。

(a) 水和物 (b) シアノヒドリン (c) ヘミアセタール (d) アセタール
(e) イミン (f) オキシム (g) フェニルヒドラゾン (h) エノール
(i) アルドール縮合生成物

問10.3 ペンタナールを次の試薬と反応させた。生成物は何か。
(a) 過剰 CH_3OH, $H^⊕$ 触媒 (b) (1) PhMgBr (2) $H_3O^⊕$ (c) HCN, $^⊖CN$ 触媒
(d) (1) $LiAlH_4$ (2) $H_3O^⊕$ (e) NH_2OH, $H^⊕$ 触媒 (f) NH_2NH_2, $H^⊕$ 触媒
(g) $Ph_3P^⊕-CH_2^⊖$ (h) (1) NaOH (2) Cl_2 (i) Tollens 試薬

問10.4 次の変換をフロー式で示せ。
(a) 臭化エチル から アセトアルデヒド
(b) 1-プロパノール から アセトアルデヒド
(c) 塩化アセチル から メチルフェニルケトン
(d) 1-ヘキシン から 2-ヘキサノン

問10.5 シクロヘキサノンを次の試薬と反応させた。生成物は何か。
(a) (1) CH_3MgBr (2) $H_3O^⊕$
(b) $Ph_3P^⊕-CH_2^⊖$
(c) 過剰 $CH_3OH/H^⊕$ 触媒
(d) $NH_2OCH_3/H^⊕$ 触媒
(e) $HCN/^⊖CN$ 触媒

問10.6 問10.5 (a)〜(e)の反応機構を示せ（電子の動きがわかるように矢印を用いて示すこと）。

問10.7 つぎの化合物を合成するために必要な出発物質を書け。ただし、出発物質としてカルボニル化合物を用いること。
(a)　(b)　(c) $(CH_3)_2C=NCH_3$　(d)

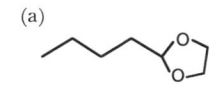

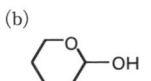

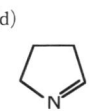

問10.8 つぎの変換を段階的（フロー式）に示せ。
(a) シクロペンタノン から シクロペンチルエチルエーテル
(b) 1-ブロモプロパン から 1-ブタノール
(c) 3-ペンタノン から 2-ペンテン
(d) シクロヘキサノン から cis-1,2-シクロヘキサンジオール
(e) ベンズアルデヒド から シクロヘキシルフェニルケトン
(f) フェニルアセトアルデヒド から 2,4-ジフェニル-2-ブテナール
(g) ベンズアルデヒド から 4-フェニル-3-ブテン-2-オン

11 カルボン酸の化学

　カルボン酸（carboxylic acid）は、カルボキシル基（carboxyl group）をもつ化合物である。身近なところでは、酢（酢酸）やみかん類に含まれるクエン酸などがある。この章ではカルボン酸の性質や反応性について学ぶ。

11.1 カルボン酸の酸性度

　アルコールの水酸基が酸性を示すことは先の章で学んだ（8.1参照）。カルボン酸のカルボキシル基にもアルコールと同様に水酸基が含まれているが、カルボキシル基の酸性度はアルコールの酸性度よりもかなり高い。エタノール、水、酢酸の pK_a はそれぞれ16.0、15.7、4.8であり、この値から酸性度の違いは明らかである。このことにより、カルボン酸は炭酸水素ナトリウムやアミンのような弱い塩基とも反応し塩を形成する（3.4.8参照）。形成した塩はより親水的であるため水に溶解する（ミセル；3.4.9参照）。このように、アルコールと比べ高い酸性度を有する理由として、生成するカルボキシラートイオンが共鳴安定化し、電気陰性度の大きな2つの酸素

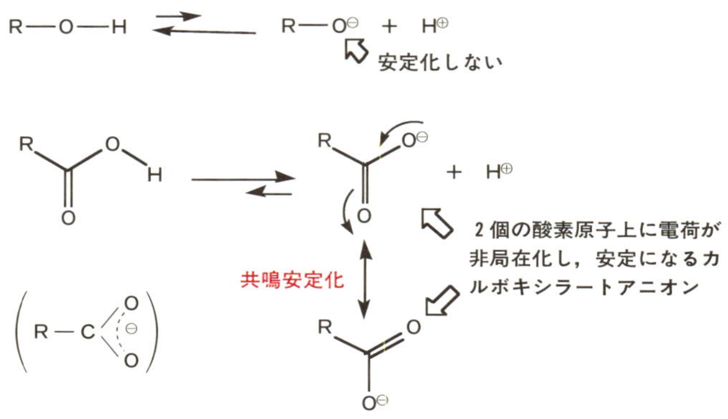

図11.1　カルボン酸の酸性度とカルボキシラートイオンの共鳴安定化

原子上に電荷が非局在化することがあげられる（図11.1）。

この酸性度はカルボキシル基に結合するRの部分に電子求引性基が導入されることによりさらに高くなる（図11.2）。酢酸に比べると，モノクロロ酢酸ではおよそ100倍，トリクロロ酢酸ではおよそ10,000倍酸性度が高いことがわかる。

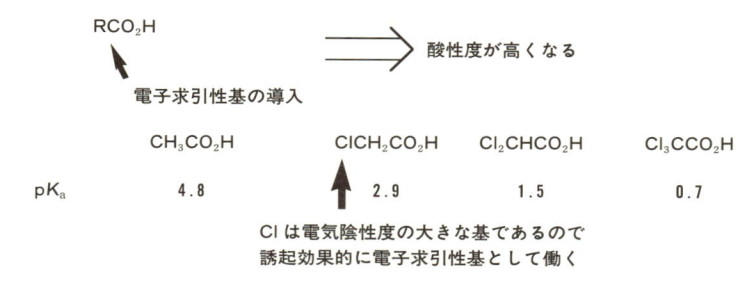

図11.2 塩素置換による酢酸の酸性度の変化

このようにカルボン酸の塩は弱塩基によって容易に形成することができ，この塩はしばしば求核試薬として用いられる。例えば，ハロゲン化アルキルとの反応ではエステルが生成する。

11.2 カルボン酸の求核アシル置換反応

カルボン酸の水酸基は求核試薬の攻撃により容易に置換され，エステル，アミド，酸ハロゲン化物などのカルボン酸誘導体（carboxylic acid derivative）を与える。この反応は求核アシル置換反応（nucleophilic acyl substitution reaction）と呼ばれ，求核試薬の付加に続いて，水酸基が水として脱離する二段階で反応が進行する（図11.3）。

アルコールのような求核性の弱い試薬を用いる場合，カルボン酸と求核試薬との反応は酸触媒存在下で行われる。酸触媒はカルボキシル基の活性化に働く。

図11.3 カルボン酸の求核アシル置換反応

　求核剤としてアルコールを用いると，エステルが生成し，アミンを用いるとアミドが生成する。アルコールは求核性が低いため，カルボン酸のエステル化反応は酸触媒を用いて行われる。この反応は平衡反応であり，ケトンもしくはアルデヒド化合物のアセタール化反応と同様に平衡を生成系に移行させる工夫が必要となる(10.1参照)。カルボン酸のエステル化反応とアミド化反応を以下に示す。

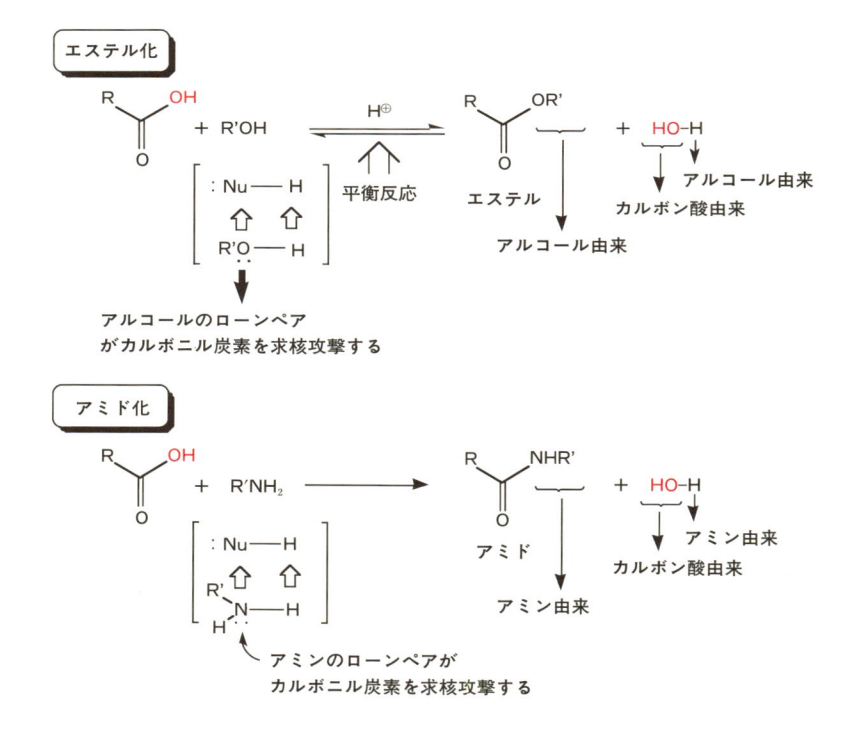

　カルボキシル基の水酸基をハロゲンに置換するには，水酸基の脱離能力を高める必要があり，塩化チオニル(8.2参照)などのハロゲン化剤を用いる。

ハロゲン化

$$R\text{-}COOH + SOCl_2 \longrightarrow R\text{-}COCl + SO_2 + HCl$$

　　　　　　　　　　　　　　　　　　　　↑　　↑
　　　　　　　　　　　　　　　　カルボン酸の水酸基から

$$3\ R\text{-}COOH + PBr_3 \longrightarrow 3\ R\text{-}COBr + P(OH)_3$$

　　　　　　　　　　　　　　　　　　　　　　　　↑
　　　　　　　　　　　　　　　　　　　　カルボン酸の水酸基から

まとめ

　カルボン酸は，カルボキシル基をもち，高い酸性度を有する。カルボン酸の水酸基は，求核試薬の攻撃により，エステル，アミド，酸ハロゲン化物などのカルボン酸誘導体となる。この反応は求核アシル置換反応と呼ばれる。

コラム4　生体と光学活性化合物

　第6章　立体化学のなかでは光学活性と言うことについて学んだ。少し簡単に復習しておくと，光学活性化合物には実像と鏡像の関係にある（右手と左手の関係），鏡像異性体とよばれる2つの異性体が存在する。この両者は長さや重さなどの物理量，沸点，融点などの物理的性質に関して同じ値を示し一般的には区別が容易ではない。しかし，この鏡像異性体は光に対しては活性を異にし，一方が光の偏光面を右に回転させるとすると，もう一方は偏光面を左に回転させる。このような性質からそれぞれの鏡像異性を光学活性化合物と呼ぶ。それぞれの鏡像異性体は光学的な性質しか異にしないのだろうか。つぎに，生体と光学活性化合物との関係を見てみよう。

　生体内には糖，アミノ酸 など多くの光学活性化合物が存在する。これらの化合物は生体内では，鏡像異性体の混合物として存在するのではなく，異性体の一方のみが存在している。アミノ酸を例に見てみると，生体内にはフィッシャーの投影式においてアミノ基が左に来るように表現される立体のアミノ酸のみが存在する(L-アミノ酸)。一例しか示していないが，このように生体を構成する分子には光学活性なものが多く，それゆえに生体内には光学活性な環境が多く存在する。このような環境下では鏡像異性体にある2つの化合物は性質を全く異にすることが

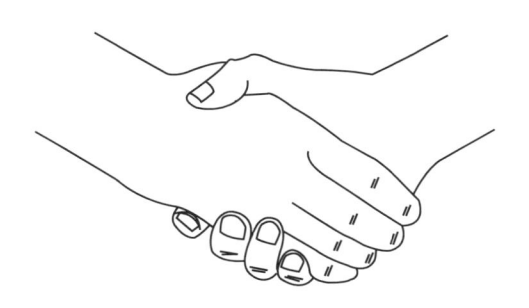

多くある。つまり，生体は２つの鏡像異性体を選別する能力を持っているのである。このことをもう少しわかりやすく説明しよう。生体は光学活性な環境なので右手*として表現する。これに対して右手と左手（２つの鏡像異性体）が同時に作用すると仮定すると右手*と右手は握手することができるが，左手の方は右手*と握手できない。このことをイメージしてみると生体が２つの鏡像異性体を容易に識別できると言うことが理解できるだろう。

このような例をいくつか見てみよう。(R)-リモネンはオレンジの香りを示し，鏡像異性体である(S)-リモネンはペパーミントの香りを示す。ダイエット甘味料として知られている(S,S)-アスパルテームはショ糖の200倍の甘みを示すが，鏡像異性体である(R,R)-アスパルテームは苦みを示す。医薬においても同様の現象が見られ，一方の鏡像異性体は医薬品として非常によい効き目を示すが，もう一方の鏡像異性体は全く効果を示さないか逆に強い副作用を示すことさえある。サリドマイドは1960年頃，非常によい鎮静剤として使用されていたが，一方の鏡像異性体が非常に高い奇形性を有したため妊娠した女性がこの薬を服用したことで不幸な薬害を引き起こしたのである。

(R)-リモネン　　　(S,S)-アスパルテーム　　　(R)-サリドマイド

生物はその内部に光学活性な環境を有するがゆえに，以上に示したように２つの鏡像異性体を容易に見分けることができる。このようなことを背景に鏡像異性体が存在する化合物を合成する際，有機化学者には一方のみを合成することが求められるようになった。野依良治博士はBINAP触媒(p.80参照)を用い，一方の鏡像異性体のみを合成する化学を精力的に研究し，その業績に対し，2001年ノーベル化学賞が授与された。

章末問題11

問11.1 カルボン酸の構造上の特徴，および物理的性質について説明せよ。

問11.2 クロロ酢酸，プロピオン酸，酢酸，ブロモ酢酸，ジクロロ酢酸を，pK_a の大きい順に並べよ。

問11.3 ブタン酸（酪酸）から誘導されるつぎの化合物を書け。
(a) 酪酸イソプロピル　(b) N-メチルブタンアミド
(c) 酸塩化物

問11.4 プロピオン酸をつぎの試薬と反応させた。生成物は何か。
(a) CH_3OH, $H^{\oplus}$触媒　(b)(1) $LiAlH_4$　(2) $H_3O^{\oplus}$
(c) $NaHCO_3$　(d) PBr_3

問11.5 問11.4 (a)の反応機構を示せ（電子の動きがわかるように矢印を用いて示すこと）。

問11.6 つぎの変換をフロー式で示せ。
(a) ベンゼン から 安息香酸
(b) ブロモエタン から プロパン酸（プロピオン酸）
(c) *p*-クロロトルエン から *p*-メチル安息香酸
(d) シクロヘキサノール から ヘキサン二酸（アジピン酸：ナイロン合成の原料）
(e) 2-メチルプロペン から 2,2-ジメチルプロパン酸

問11.7 ここにフェノールと安息香酸の混合物が有機溶媒に溶けている試料がある。フェノールと安息香酸を簡単な試薬を用いて分離する方法を説明せよ。

12 カルボン酸誘導体の化学

　第11章ではカルボン酸と各種求核試薬との反応により，さまざまなカルボン酸誘導体が得られることを学んだ。ここでは，それらカルボン酸誘導体の反応について学ぶ。

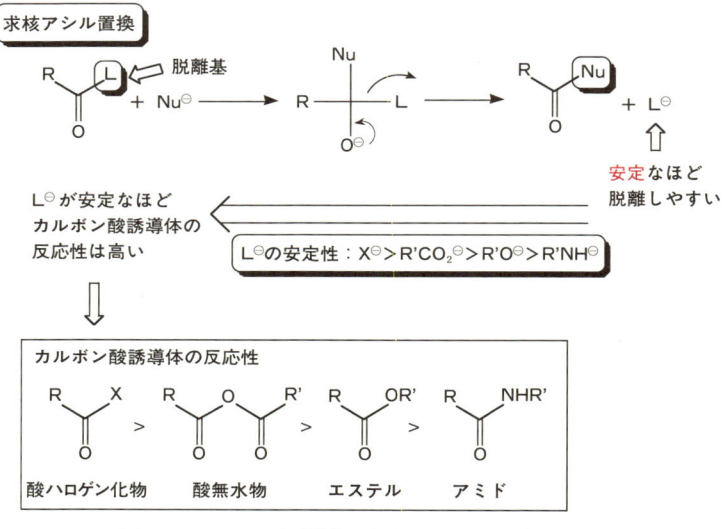

12.1 カルボン酸誘導体の求核アシル置換反応

　カルボン酸の反応の特徴は，カルボニル基への付加反応とそれに続く脱離反応によるカルボキシル基に含まれる水酸基の置換反応であった（求核アシル置換反応；11.2参照）。カルボン酸誘導体においても同様に，**求核アシル置換反応**が起こる（図12.1）。カルボン酸誘導体の反応性は脱離反応と同様（7.1.2），脱離基が脱離後に安定化するものほど高い。

図12.1 カルボン酸誘導体の求核アシル置換反応

脱離後のアニオンの安定性はそれをプロトン化した化合物の酸性度より考察できる。安定なアニオンのプロトン化体ほど高い酸性度を示す傾向にある（図12.2）。

$L^{\ominus}$の安定性： $Cl^{\ominus}$ > $R'CO_2^{\ominus}$ > $R'O^{\ominus}$ > $R'NH^{\ominus}$
　　　　　　　↓　　　↓　　　↓　　　↓
　　　　　　 HCl　R'CO₂H　R'OH　R'NH₂
pK_a　　 -7.0　　4.8　　16　　35　　⇐ R'によって変わるのでおおよその値である

図12.2　アニオンの安定性とそのプロトン化体の酸性度との関係

反応性の高い塩化アシル（acyl chloride）や酸無水物（acid anhydride）は、エステル（ester）やアミド（amide）などの他のカルボン酸誘導体に容易に変換される。合成しにくいエステルやアミドを合成する際、この高い反応性を利用し、カルボン酸を酸ハロゲン化物に導き、これを変換する手法がよくとられる。

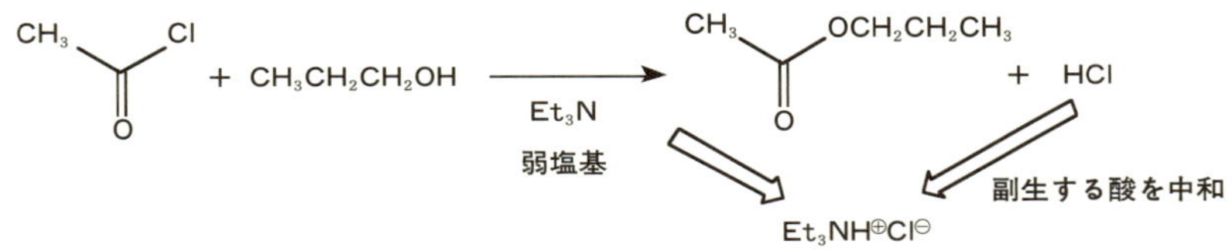

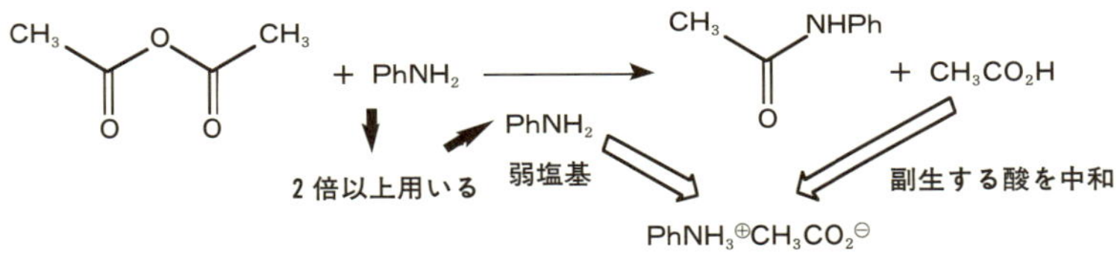

このように、カルボン酸誘導体はそれよりも反応性の低い他のカルボン酸誘導体へ変換できる。例えば、酸無水物からエステル、アミドへの変換が可能である。逆に、アミドから、より反応性の高い酸無水物へ変換することはできない。

塩化アシルや酸無水物などの反応性の高いカルボン酸誘導体は種々の求核試薬と容易に反応するが、反応性の低いエステルやアミドが、求核性のあまり高くない求核試薬と反応する際には、活性化のために酸や塩基を用いて反応を行う。

つぎにエステルとアミドのアシル置換反応についてみてみよう。エステルは、より反応性の低いアミドや他のエステル（エステル交換反応；trans-esterification）へ導かれる。このいくつかの反応は平衡反応であるため、目的とする生成物を得るにはルシャトリエの原理（10.1参照）を考慮しなければならない。

エステルとアルコールとの反応（エステル交換反応）

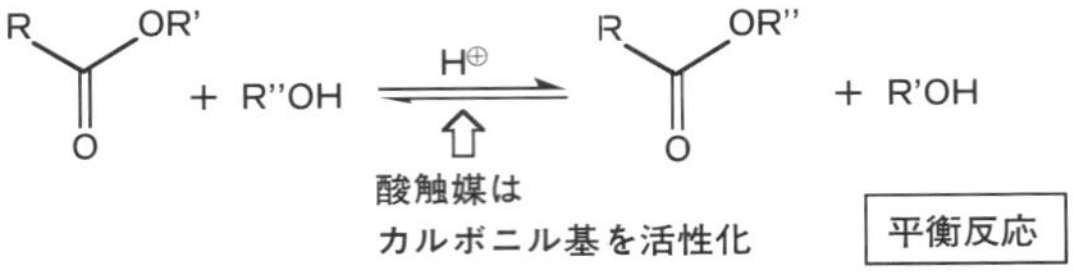

RCO-OR' + R''OH ⇌ (H⁺) RCO-OR'' + R'OH

酸触媒はカルボニル基を活性化

平衡反応

エステルとアミンの反応

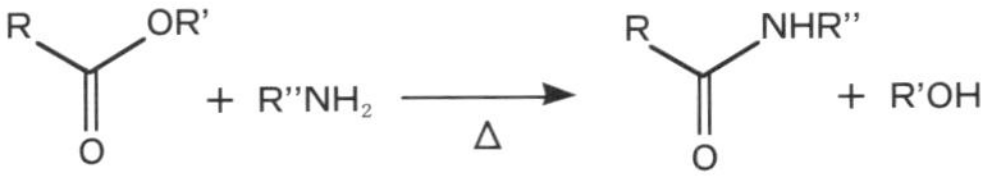

RCO-OR' + R''NH₂ →(Δ) RCO-NHR'' + R'OH

エステルと水との反応（加水分解反応）

■ 酸触媒による反応

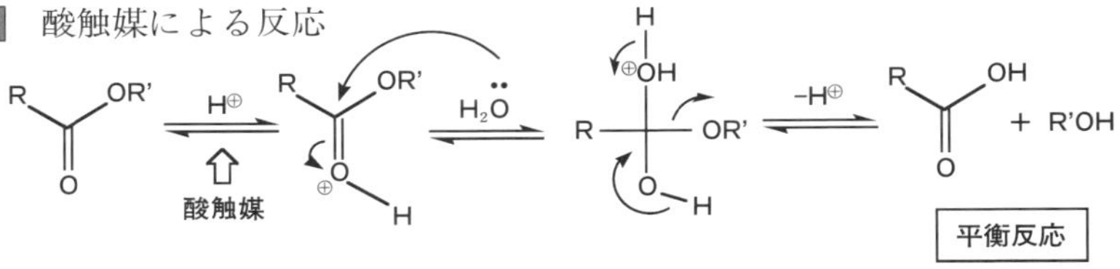

酸触媒による機構：プロトン化 → H₂O 付加 → 四面体中間体 → −H⁺ → RCOOH + R'OH

平衡反応

■ 塩基による反応

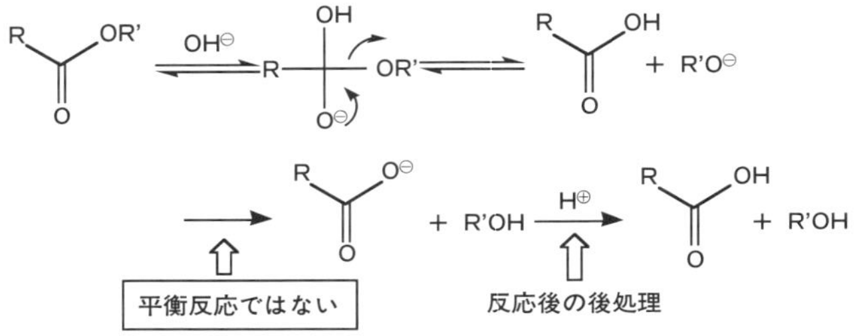

RCO-OR' + OH⁻ ⇌ R-C(OH)(O⁻)(OR') ⇌ RCOOH + R'O⁻

→ RCOO⁻ + R'OH →(H⁺) RCOOH + R'OH

平衡反応ではない　　反応後の後処理

エステルとヒドリドの反応（還元反応）

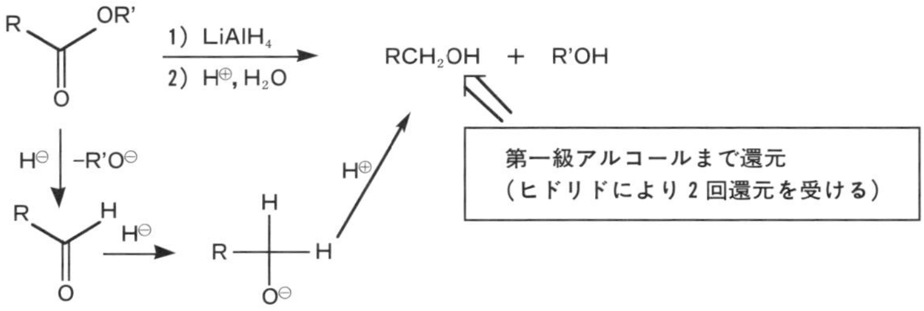

RCO-OR' 　1) LiAlH₄　2) H⁺, H₂O　→　RCH₂OH + R'OH

H⁻ / −R'O⁻ ↓

RCHO →(H⁻) RCH₂O⁻ →(H⁺) RCH₂OH

第一級アルコールまで還元
（ヒドリドにより2回還元を受ける）

エステルとグリニヤール試薬との反応（第三級アルコールの合成）

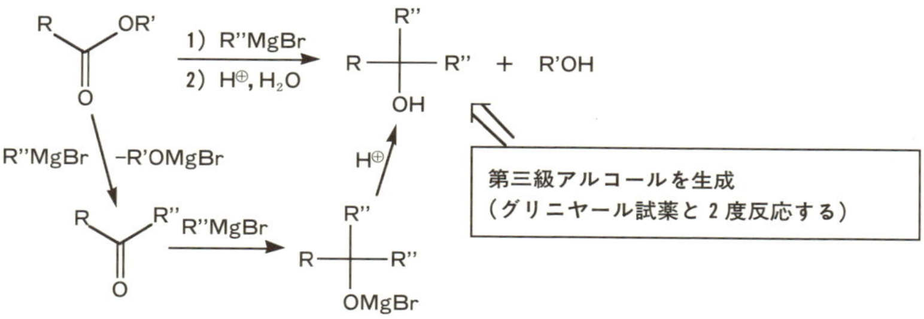

第三級アルコールを生成
（グリニヤール試薬と 2 度反応する）

アミドと水の反応（加水分解反応）

■ 酸性条件

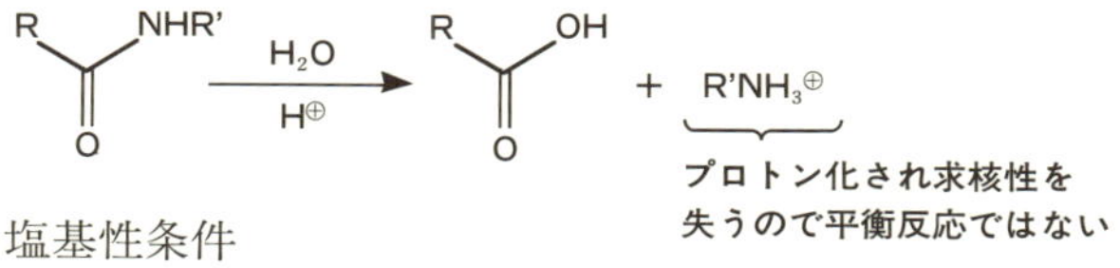

プロトン化され求核性を失うので平衡反応ではない

■ 塩基性条件

アミドとヒドリドの反応（還元反応）

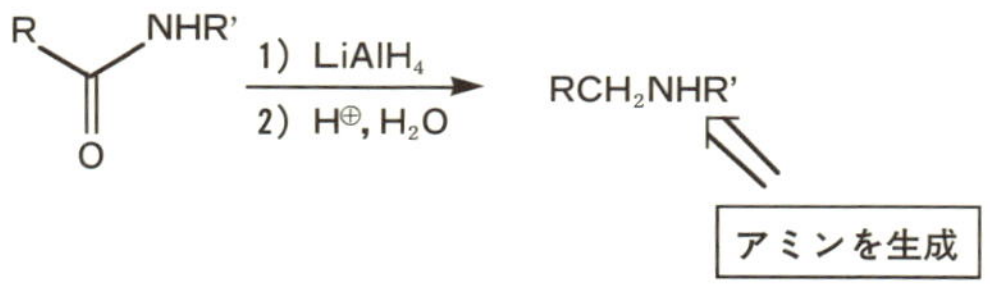

アミンを生成

12.2　エステルの縮合反応

　カルボン酸誘導体においてもカルボニル基の *α 位*プロトンは，ケトンやアルデヒドと同様に酸性度を有するため，比較的強い塩基により引き抜かれ，エノラートイオンを生じる（10.2 参照）。このエノラートイオンはよい求核剤として働き，未反応のエステルと反応し *β-ケトエステル*を与える。この反応は Claisen 縮合（Claisen condensation）として知られる反応である。また，この反応をある種の鎖状のジエステル化合物を用い行うと，環状ケトンが得られる（Dieckmann 縮合）。

Claisen 縮合

メチルエステルの場合にはメトキシドを
エチルエステルの場合にはエトキシドを用いる

2分子のエステルの縮合物で β-ケトエステルを与える。

■ 反応機構

Dieckmann 縮合

この **β-ケトエステル化合物**は種々の塩基との反応により反応性の高い安定なカルボアニオンを与えるため合成化学上重要な化合物である。エステル（アルコキシカルボニル基）は加水分解により容易に**脱炭酸（decarboxylation）**するので，必要に応じ簡単に除去できる。

β-ケトエステル化合物を用いる有機合成

まとめ

カルボン酸誘導体は求核アシル置換反応を起こし，その反応性は脱離基が脱離後安定化するもの程高い。また，カルボン酸誘導体は，それよりも反応性の低い他のカルボン酸誘導体へ変換できる。α-水素をもつカルボン酸誘導体であるエステルも塩基によってエノラートイオンとなり，よい求核剤として働き，未反応のエステルと反応してβ-ケトエステルを与える（Claisen縮合，Dieckmann縮合）。β-ケトエステルは，酸加水分解により容易に脱炭酸する。

章末問題12

問12.1 エステル，アミド，酸ハロゲン化物，酸無水物を反応性の低い順に並べよ。一般式を用いて表記せよ。また，その理由を述べよ。

問12.2 酢酸から誘導されるつぎの化合物を描け。
(a) 酢酸シクロヘキシル (b) N,N-ジメチルエタンアミド (c) 酸臭化物
(e) 無水酢酸

問12.3 塩化ベンゾイルをつぎの試薬と反応させた。生成物は何か。

(a) H₂O (b) CH₃OH (c) NH₃ (d) CH₃NH₂

問12.4 問12.3 (a)〜(d)の反応機構を示せ（電子の動きがわかるように矢印を用いて示すこと）。

問12.5 無水安息香酸を次の試薬と反応させた。生成物は何か。
(a) H₂O (b) CH₃OH (c) NH₃ (d) CH₃NH₂

問12.6 ペンタン酸イソプロピルを次の試薬と反応させた。生成物は何か。
(a) H₃O⁺ (b) NaOH (c) (1) LiAlH₄ (2) H₃O⁺
(d) (1) 2 PhMgBr (2) H₃O⁺ (e) NH₃

問12.7 問12.6 (a)〜(e)の反応機構を示せ（電子の動きがわかるように矢印を用いて示すこと）。

問12.8 つぎの変換をフロー式で示せ。
(a) プロパン酸メチル から 2-メチル-2-ブタノール
(b) ブタン酸 から N-メチルブタンアミド（2通りで示しなさい）
(c) ブタン酸イソプロピル から 1-ブロモブタン
(d) ベンゼン から 安息香酸エチル
(e) 酢酸エチル から 3-オキソブタン酸エチル（アセト酢酸エチル）
(f) アセト酢酸エチル から アセトンと二酸化炭素
(g) アセト酢酸エチル から アセト酢酸

問12.9 つぎのエステルを合成するためのフロー式を示せ。出発物質として適当なエステル化合物を用いること。

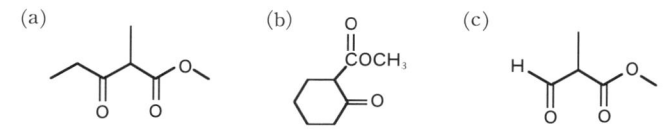

13

アミンの化学

アミンはアンモニアの窒素原子がアルキル鎖などに置換した化合物である。アルキル基が1つ置換したアミンを第一級アミンといい、置換数が増すと第二級アミン、第三級アミンとなる。このようにアミンは窒素原子を含む化合物であり、アミンの特性はこの窒素原子のローンペアによるところが大きい。まずはこのアミンの特性について見てみよう。

13.1 アミンの塩基性

アンモニアと同じようにアミンは、窒素原子上のローンペアがプロトンと結合を作るため塩基性を有する。その塩基性の強さは水酸化物イオンと比べるとかなり小さく、弱塩基として分類することができる。塩基性の強さは、対象とする塩基化合物のプロトン化体（共役酸；1.6参照）の pK_a によって知ることができる。共役酸の pK_a が大きいほど、塩基が補足したプロトンを放出しづらいということになり、塩基性が高いということになる。いくつかの化合物の共役酸の pK_a を見てみよう（表13.1）。

共役酸のpKaと塩基性の関係

$$B^{\oplus}\text{-H} \rightleftharpoons B: + H^{\oplus}$$

共役酸　　　　塩基

pKa　大　⟹　塩基性大
　　　　　プロトンを
　　　　　放出しづらい

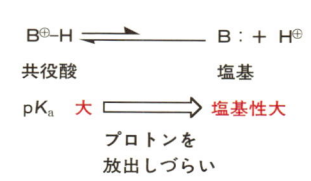

表13.1　種々の塩基に対する共役酸のpKa

塩基	共役酸	共役酸のpKa
$HO^{\ominus}$	$HO\text{-}H$	15.7
CH_3NH_2	$CH_3N^{\oplus}H_3$	10.6
NH_3	$^{\oplus}NH_4$	9.2
ピリジン	ピリジニウム($N^{\oplus}H$)	5.2
$PhNH_2$	$PhN^{\oplus}H_3$	4.6

同じ第一級アミンであってもメチルアミンとアニリンでは塩基性がかなり異なる。アニリンの塩基性が小さいのはローンペアが隣接するベンゼン環に共鳴するためである。

アニリン

また、芳香族アミンであるピリジンとピロールでは、ピリジンは塩基性化合物であるのに対し、ピロールは塩基性を示さない。これは、ピロールの窒素原子上のローンペアが芳香族化に利用されているためである。

6π電子系 ⇒ 芳香族

4π電子系 ⇒ 芳香族ではなくなる

このように、アミンの塩基性は窒素原子上の置換基によって大きく異なる。

13.2 アミンのアルキル化反応

上述したようにアミンは塩基性を有する化合物である。塩基は一般的に求核試薬としても働く。このような性質に基づきアミンはハロゲン化メチルまたは第一級ハロゲン化アルキルと反応し容易にアルキル化される。しかし、第一級、第二級、第三級アミンはそれぞれ級数が上がるほどに求核性も高まるので、目的の級数のアミンのみを得ることは難しく、混合物を与える。

アミンのアルキル化反応

$RNH_2 \xrightarrow[S_N2反応]{RX} R_2NH_2^{\oplus}X^{\ominus} \xrightarrow{NaOH} R_2NH$

$R_2NH \xrightarrow[S_N2反応]{RX} R_3NH^{\oplus}X^{\ominus} \xrightarrow{NaOH} R_3N$

$R_3N \xrightarrow[S_N2反応]{RX} R_4N^{\oplus}X^{\ominus}$ アンモニウム塩

ハロゲン化アルキルを大過剰に用いることにより、アンモニウム塩が得られる。アンモニウム塩は相間移動触媒 (phase transfer catalyst) として有用である (図13.1)。また、アンモニウム塩を酸化銀存在下、加熱することによりアミンを脱離 (E2反応) してアルケンを与える。この反応をHofmann脱離という。

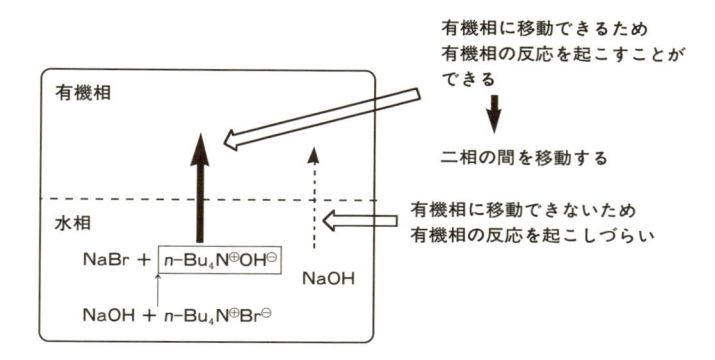

図13.1 ハロゲン化アンモニウム塩と相間移動触媒

Hofmann 脱離

$$CH_3CH_2CH_2\overset{\oplus}{N}(CH_3)_3\overset{\ominus}{O}H \xrightarrow[\Delta]{Ag_2O} CH_3CH_2CH=CH_2 + N(CH_3)_3$$

13.3 他の官能基への変換

第一級アミンは亜硝酸(HNO_2)と反応してジアゾニウム塩を与える。ジアゾニウム塩は各種化合物の中間体として有用である（図13.2）。例えば、ジアゾベンゼンを求核試薬と反応させると、窒素が脱離し置換ベンゼンを与える。さらに、芳香環とジアゾニウムカップリングし、アゾ化合物(azo compounds)を与える。

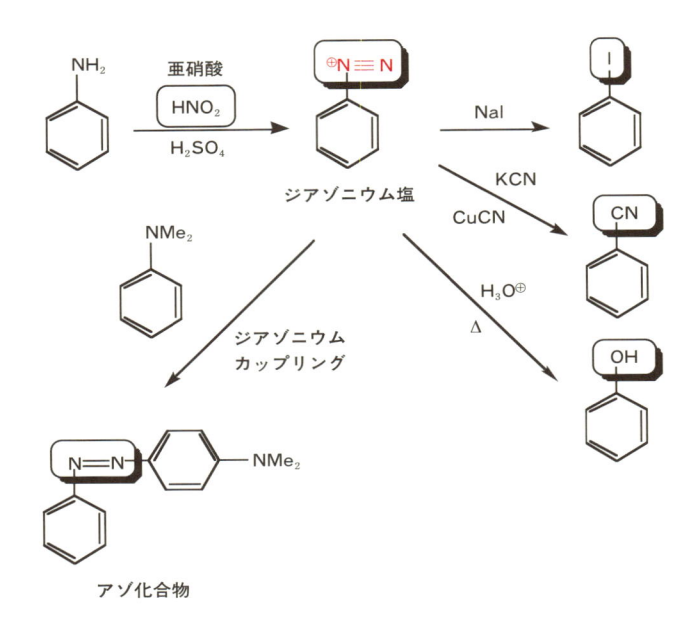

図13.2 ジアゾニウム塩を経由する各種誘導体の合成反応

13.4 アミンの合成反応

各種化合物の合成については種々の章でとりあげたが，アミンの合成法に関してはアミドの還元反応（12.1参照）しか取り上げていない。ここではアミンの合成反応として有用な合成反応をいくつかとりあげる。

フタルイミドのアミノ基は塩基により容易に脱プロトン化され，よい求核試薬となる。この求核試薬とハロゲン化アルキルとを反応（S_N2反応）させるとN-アルキルフタルイミドを生成する。これを加水分解することにより，第一級アミンが得られる。この第一級アミン合成法を Gabriel 合成という。

また，ニトリル化合物やニトロ化合物の還元によってもアミンを合成することができる。

$$R\text{-}CN \xrightarrow{\text{LiAlH}_4} R\text{-}CH_2NH_2$$

ニトリル化合物

$$\text{PhNO}_2 \xrightarrow[\text{2) NaOH}]{\text{1) Fe, H}^\oplus} \text{PhNH}_2$$

ニトロ化合物

まとめ

アミンは，窒素原子上のローンペアがプロトンと結合を作るため塩基性を有し，同時に求核試薬としても働く．第一級アミンは亜硝酸と反応してジアゾニウム塩を与え，各種誘導体の中間体として有用である．第一級アミンの合成法として Gabriel 法がある．また，アミドの還元以外の方法としてニトリル化合物やニトロ化合物の還元によっても合成できる．

章末問題13

問13.1 プロパン（分子量44，沸点−42℃），エチルアミン（分子量45，沸点17℃），エタノール（分子量46，沸点78.5℃）は，分子量が似ているものの，沸点がかなり違う．この理由を述べよ．

問13.2 つぎのアミンのどちらが塩基性が強いか答えよ．また，その理由を述べよ．
(a) メチルアミン と ジメチルアミン
(b) 1-アミノ-2-プロパノン と プロパンアミド
(c) シクロヘキシルアミン と アニリン
(d) p-メチルアニリン と p-トリフルオロメチルアニリン

問13.3 アンモニアを原料にして，つぎのアミンを合成する反応式を示せ．
(a) トリエチルアミン (b) 塩化テトラ n-ブチルアンモニウム

問13.4 ここにエステル，アミド，アミンの混合物が有機溶媒に溶けている試料がある．この混合物からアミンを分離する方法を説明せよ（反応式でも表すこと）．

問13.5 つぎの変換をフロー式で示せ．
(a) ベンゼン から 2,4-ジアミノトルエン
(b) アニリン から フェノール
(c) ベンゼン から m-ジブロモベンゼン
(d) ニトロベンゼン から 安息香酸

(e) プロパナール　から　2-ヒドロキシブタン酸
(f) ブタナール　から　2-ヒドロキシペンチルアミン
(g) エチルアミン　から　N-エチルブタンアミド
(h) ベンゼン　から　p-(ジメチルアミノ)アゾベンゼン

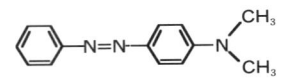

Ph-N=N-C₆H₄-N(CH₃)₂

14

各種化合物の合成反応

　前章まで各種化合物の反応を中心にみてきた。この章では各章で出てきた主な反応を各種化合物の一般合成反応としてまとめて記すので復習をかねてみてもらいたい。

14.1　アルケン類

■ アルキンへの求電子付加反応による合成

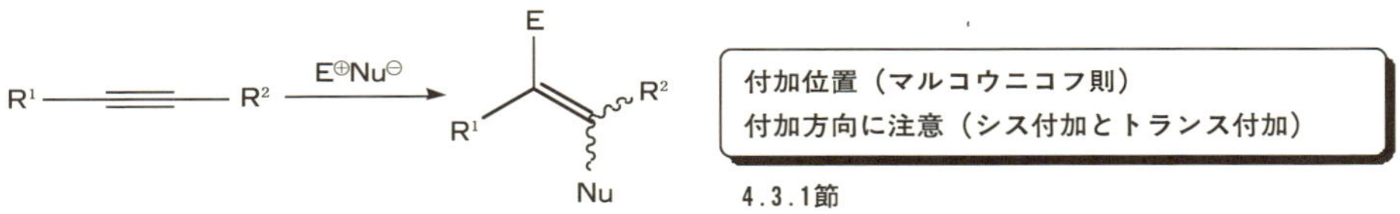

$$R^1-\!\!\!\equiv\!\!\!-R^2 \xrightarrow{E^{\oplus}Nu^{\ominus}} \begin{array}{c} E \\ R^1 \end{array}\!\!=\!\!\begin{array}{c} R^2 \\ Nu \end{array}$$

付加位置（マルコウニコフ則）
付加方向に注意（シス付加とトランス付加）
4.3.1節

■ アルキンの水素還元

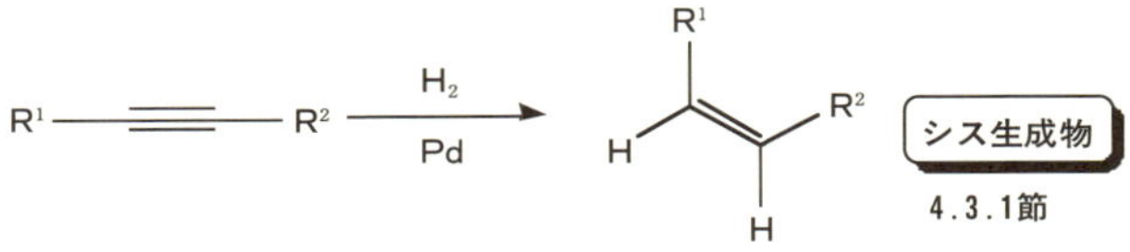

$$R^1-\!\!\!\equiv\!\!\!-R^2 \xrightarrow[Pd]{H_2} \begin{array}{c} R^1 \\ H \end{array}\!\!=\!\!\begin{array}{c} R^2 \\ H \end{array}$$

シス生成物
4.3.1節

■ ジエン（ポリエン）の反応による合成

1,2-付加生成物　　1,4-付加生成物　　4.4節

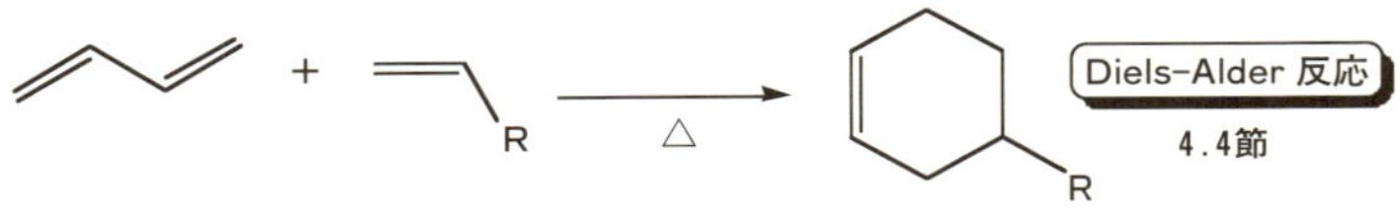

Diels–Alder 反応
4.4節

ハロゲン化アルキルからハロゲン化水素の脱離による合成

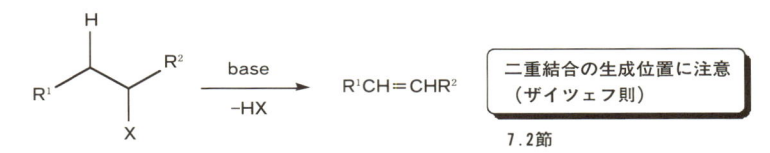

$$R^1CH(X)CH(H)R^2 \xrightarrow[-HX]{\text{base}} R^1CH=CHR^2$$

二重結合の生成位置に注意（ザイツェフ則）

7.2節

アルコールの脱水反応による合成

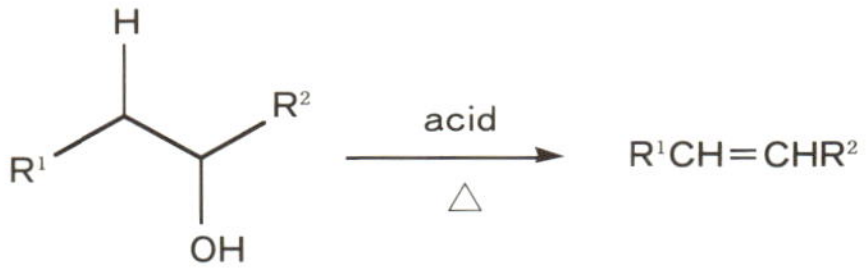

$$R^1CH(OH)CH(H)R^2 \xrightarrow[\triangle]{\text{acid}} R^1CH=CHR^2$$

二重結合の生成位置に注意（ザイツェフ則）

8.2節

カルボニル化合物へリンイリドの付加による合成

$$RC(O)R^1 + {}^{\ominus}CR''_2{-}{\overset{\oplus}{P}Ph_3} \xrightarrow{-Ph_3PO} \text{alkene}$$

Wittig 反応

10.1節

14.2 アルキン類

アセチリドアニオンを用いる合成

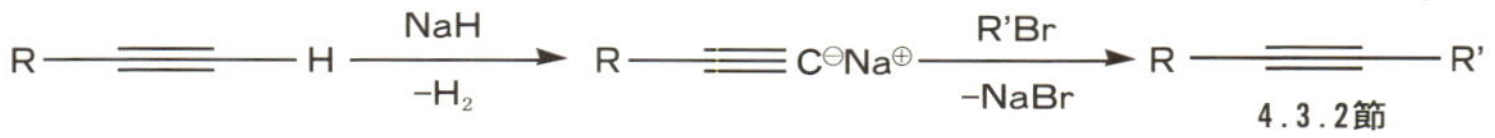

$$R{-}{\equiv}{-}H \xrightarrow[-H_2]{\text{NaH}} R{-}{\equiv}{-}C^{\ominus}Na^{\oplus} \xrightarrow[-\text{NaBr}]{R'Br} R{-}{\equiv}{-}R'$$

4.3.2節
7.1.2節

ハロゲン化アルケンからハロゲン化水素の脱離による合成

$$\underset{R^1}{\overset{H}{\diagdown}}C=C\underset{X}{\overset{R^2}{\diagup}} \xrightarrow[-HX]{\text{NaH}} R^1{-}{\equiv}{-}R^2$$

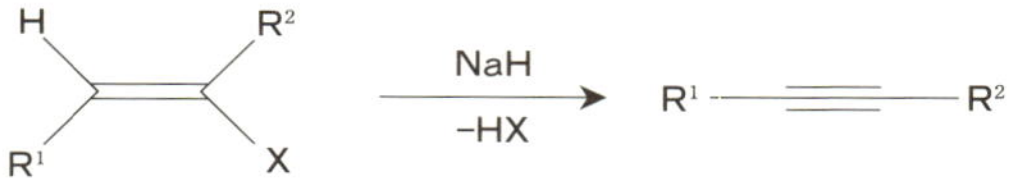

14.3 芳香族化合物

求電子置換反応による合成

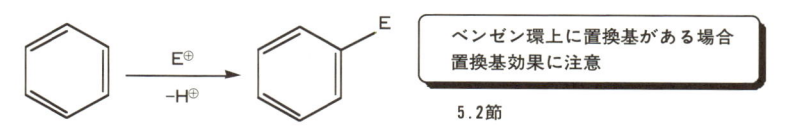

$$C_6H_6 \xrightarrow[-H^{\oplus}]{E^{\oplus}} C_6H_5{-}E$$

ベンゼン環上に置換基がある場合
置換基効果に注意

5.2節

14.4 有機ハロゲン化合物

アルコールのハロゲン化による合成

$$RCH_2OH \xrightarrow{\text{ハロゲン化試薬}} RCH_2X$$

ハロゲン化試薬
$SOCl_2$, PBr_3, HBr など

8.2節

■ アルケンへの求電子付加反応による合成

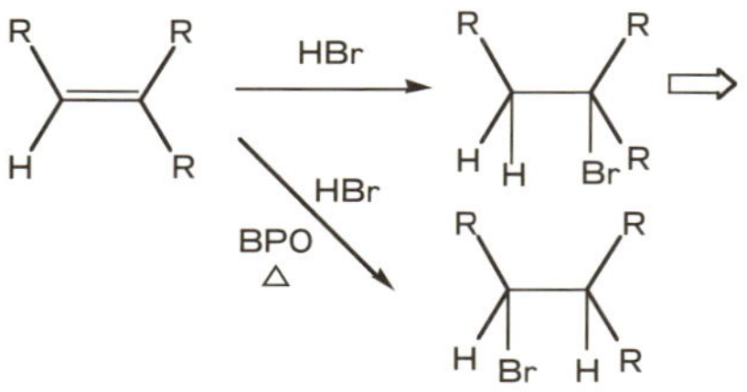

付加位置（マルコウニコフ則）に注意
4.2.1節

ラジカルによる付加反応は反マルコウニコフ則
4.2.2節

■ アルキル基のハロゲン化による合成

$CH_3CH_3 \xrightarrow[-HX]{X_2, h\nu} CH_3CH_2X$ 2.3.2節

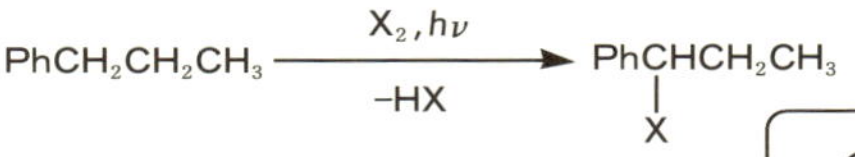

$PhCH_2CH_2CH_3 \xrightarrow[-HX]{X_2, h\nu} PhCHCH_2CH_3$ 5.3節
$\qquad\qquad\qquad\qquad\qquad\quad |$
$\qquad\qquad\qquad\qquad\qquad\;\, X$

ベンジル位のみハロゲン化

■ 芳香環のハロゲン化による合成

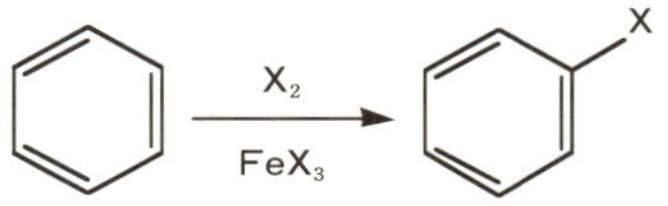

ベンゼン環上に置換基がある場合 置換基効果に注意
5.2節

■ ケトン・アルデヒドのハロゲン化

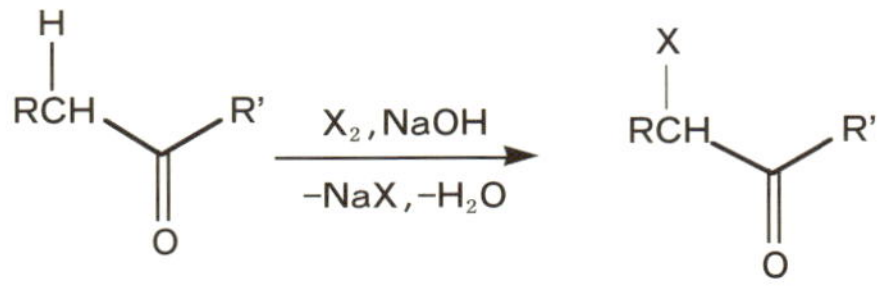

10.2節

14.5　アルコール化合物

■ アルケンへの水の付加反応による合成

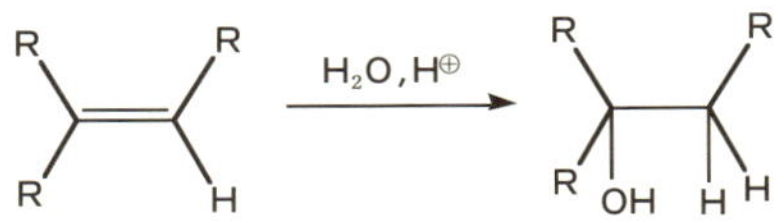

付加位置（マルコウニコフ則）
4.2.1節

■ アルケンのヒドロホウ素化による合成

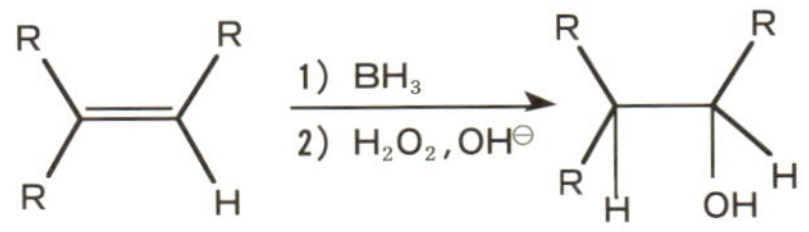

水の付加反応生成物と水酸基の位置が逆（反マルコウニコフ則）
4.2.1節

■ アルケンの酸化反応による合成

$$\text{アルケン} \xrightarrow[0\,°C]{KMnO_4, OH^-} cis\text{-1,2-ジオール}$$ 4.2.3節

$$\downarrow mCPBA$$

$$\text{エポキシド} \xrightarrow{H_3O^+} trans\text{-1,2-ジオール}$$ 9.2, 9.3節

■ ケトン・アルデヒドへの求核試薬の付加反応による合成
（還元反応を含む）

$$R-CO-R' \xrightarrow{H^+ Nu^-} R-C(Nu)(OH)-R'$$ 10.1節 10.3節

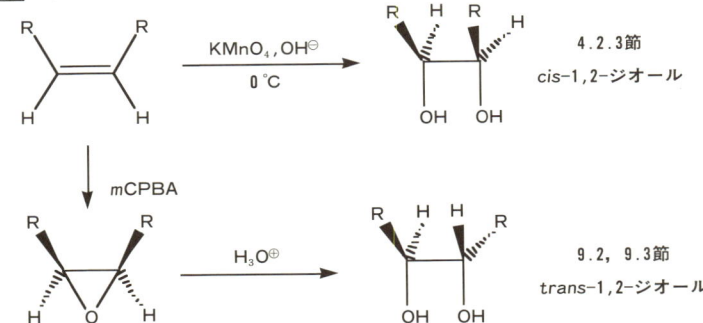

■ エポキシドへの求核剤の付加

$$\text{エポキシド} \xrightarrow[H^+]{Nu^-} Nu-CH_2-CH_2-OH$$ 9.2節

14.6 エーテルとエポキシド化合物

■ ウィリアムソン法による合成

$$RO^-Na^+ \xrightarrow[-NaX]{R'X} ROR'$$ 8.1節

■ アルケンの酸化によるエポキシドの合成

$$\text{シス-アルケン} \xrightarrow{R''CO_3H} \text{エポキシド}$$ シス付加 9.3節

14.7 アルデヒドとケトン化合物

■ アルケンの酸化反応による合成

$$R_2C=CR_2 \xrightarrow[\triangle]{KMnO_4, H^+} R_2C=O + O=CR_2$$ この方法でアルデヒドは得られない 4.2.3節

$$R_2C=CHR \xrightarrow[2)\ Zn, H_3O^+]{1)\ O_3} R_2C=O + O=CHR$$ アルデヒドの合成可 4.2.3節

14 各種化合物の合成反応

■ アルコールの酸化反応　8.3節

$$RCH_2OH \xrightarrow{PCC} RCHO$$

$$RCH_2OH \xrightarrow[\text{(COCl)}_2]{DMSO, Et_3N} RCHO \quad \boxed{\text{Swern 酸化}}$$

$$\underset{R}{RCHOH} \xrightarrow{CrO_3, H_2SO_4} \underset{O}{R\!-\!C(=O)\!-\!R} \quad \boxed{\text{Jones 酸化}}$$

■ カルボニル化合物の縮合反応による合成

アルドール反応（10.2節）

1) NaOH
2) R''CHO
3) H⁺

Claisen 縮合（12.2節）

$$2\ CH_3C(=O)OCH_3 \xrightarrow[2)\ H^\oplus]{1)\ CH_3O^\ominus Na^\oplus} CH_3C(=O)CH_2C(=O)OCH_3$$

14.8 カルボン酸化合物

■ 第一級アルコールの酸化による合成

$$RCH_2OH \xrightarrow{CrO_3, H^+} RCO_2H \quad 8.3節$$

■ カルボン酸誘導体の加水分解反応による合成

$$RC(=O)X \xrightarrow[\triangle]{H_2O, H^\oplus} RCO_2H \quad X: -Cl, -NR_2, -OR \quad 12.1節$$

■ グリニャール試薬と二酸化炭素との反応による合成

$$RMgX \xrightarrow[2)\ H_3O]{1)\ CO_2} RCO_2H$$

■ ニトリル化合物の加水分解による合成

$$RCN \xrightarrow{H_3O^+} RCO_2H$$

14.9 カルボン酸誘導化合物

■ カルボン酸誘導体のアシル置換による合成

$$RC(=O)X \xrightarrow[-X^\ominus]{Nu^\ominus} RC(=O)Nu$$

反応性のより低いカルボン酸誘導体へ変換される　12.2節

14.10 アミン化合物

■ Gabriel法による合成

フタルイミド →[RX, K₂CO₃]→ N-アルキルフタルイミド →[OH⁻, H₂O]→ R-NH₂
  加水分解反応　第一級アミン
  13.4節

■ 含窒素化合物の還元による合成

$RCN \xrightarrow{LiAlH_4} RCH_2NH_2$　　13.4節

$RNO_2 \xrightarrow[\text{2) NaOH}]{\text{1) Zn, HCl}} RNH_2$

$RCONHR \xrightarrow{LiAlH_4} RCH_2NH_2$　　12.1節

コラム5　ノーベル賞

2005年10月5日，この年のノーベル化学賞受賞者として，フランス人のイブ・ショバン仏石油研究所名誉研究員（74），米国人のロバート・グラブス米カリフォルニア工科大教授（63），リチャード・シュロック米マサチューセッツ工科大教授（60）の3氏に決まった。「有機合成におけるメタセシス手法の開発」での触媒反応の研究が評価された。

ご存じの通り，ノーベル賞は，ダイナマイトを発明したスウェーデンのアルフレッド・ベルナルド・ノーベル（1833〜1896年）の遺言に基づいて1901年から始まり，その前年に人類のために最も貢献をした人に与えられる国際賞である。

私にとって，ノーベル賞受賞者は神様のような存在に思えてならないのであるが，生まれた時から神様であったわけではない。随分前に『親子でめざせ！ノーベル賞（石田寅夫著，化学同人）』という本を手にした。ノーベル賞受賞者99人について，両親にどのように育てられ，何をきっかけにその道を志し，いかにしてノーベル賞を受賞したのかを書かれた本である。その巻末に「こうすればお子さんもノーベル賞」としてまとめられている。親としてもう手後れであるが，実に興味深い。このコラムではこの本を紹介したい。ノーベル賞受賞者（物理学賞，化学賞，生理学医学賞）の出生地は，アメリカが過半数を占めており，子供をアメリカで生むか，あるいは将来留学させるのがよいようである。親の職業は，化学賞に関して，父親の職業は特に目立ったものがないが，母親は教師やピアニストや画家などの専門職が多いそうである。いずれも職業に自信を持ち，汗水を流して働く後ろ姿は，子供にとって大切な家庭教育になっているとのこと。子供についつい"勉強しなさい"と言ってしまうのであるが，そう言うだけでなく勉強している自分の姿を見せなさい，と耳の痛い言葉も。やはり子供に対しては，母親の影響力が大きく，母親の哲学（気持ち）が家庭教育に反映するとのこと。母親がエキセントリックなら子供は平和賞か文学賞を貰い，理性的なら物理学賞か化学賞か生理学医学賞を貰う可能性があるそうだ。家庭教育についても，子供の成長段階は4つあり，それにふさわしい教育がなされる必要がある，と著者は述べている。

（1）胎児から3歳。子供の小さな仕草や反応に適切に応えることが大事。非常に感受性のある子供が科学者として発明発見をする。

（2）3歳から小学校入学前。いかに自然に多く触れ，音楽を聴き，本を読んでもらえるかにより，その子供の心の豊かさが決まる。この時期におもちゃを与えすぎないことに注意せよ。また，なるべく素朴なものの方が，子供の創造力を豊かに育む。子供の家庭教育には，お金ではなく親の時間をかけ

なさい。
　（3）小学校入学から小学校卒業。子供の将来の興味が決まるもとが形成される時期。この時期の経験が将来の専門性に影響する。子供の性格をよく観て与えるものを決める。与え過ぎると，子供の興味は散漫になり，ノーベル賞とは無縁になる。子供のいいなりになり過ぎると，聞き分けの無い子に育つので，夢中にさせておくべきか，断念させるべきなのかを見極めるのが大事。
　（4）中学校入学から高校卒業。子供の自立を助ける時期。何かを与えるのでは無く，子供に必要と思われる情報を与えて選択するチャンスを作ることが大事。
　教育機関としての出身大学については，特に関係が無いが，研究機関としての大学院などは，その研究が可能な設備や人材が必要なため，特定の大学に遍在する傾向はあるとのこと。専門分野へのきっかけは，多くの場合，大学に入学して友人や若い教授に影響されたり，授業や図書館で新しい学問に触れて自分の道を発見するので，この時期に親の出番が無い。しかし，ここからが大事で，「わが子がそのきっかけを受けとめる感受性や素養は，両親がそれまでに与えた家庭教育の蓄積に負う」そうだ。
　娘2人を持つ私には，耳が痛い話。
　学生諸君，勉強は未来の自分のためのエネルギー！！
　よい音楽を聴き，よい芸術に触れ，感受性をいつも磨き，感動の心を持ち続けてよい研究をしたいですね。

章末問題14

問14.1 つぎの変換をフロー式で示せ。
(a) プロピン　から　cis-2-ブテン
(b) 1-ブチン　から　2-ブタノン
(c) ベンゼン　から　ベンジルアルコール
(d) ベンゼン　から　サリチル酸（o-ヒドロキシ安息香酸）
(e) フェノール　から　アニソール（メトキシベンゼン）
(f) シクロペンタン　から　cis-1,2-シクロペンタンジオール
(g) シクロペンテン　から　trans-1,2-シクロペンタンジオール
(h) プロパナール　から　1,1-ジメトキシ-1-フェニルプロパン
(i) ベンゼン　から　安息香酸エチル
(j) ベンゼン　から　アセトアニリド
(k) 酢酸　から　1,1-ジフェニル-1-エタノール
(l) プロパノール　から　2-ヒドロキシブチルアミン

問14.2 アセトアルデヒドとホルムアルデヒドの混合物のAldol縮合反応を行った。この変換をフロー式で示せ（交差縮合生成物と自己縮合生成物が得られることに注意すること）。また，反応機構を示せ（電子の動きがわかるように矢印を用いて示すこと）。

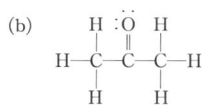

章末問題解答

■1章　有機化合物と化学結合

1-1

	1s	2s	2p	3s	3p
(a) Ne：$(1s)^2(2s)^2(2p)^6$	↑↓	↑↓	↑↓ ↑↓ ↑↓		
(b) Al：$(1s)^2(2s)^2(2p)^6(3s)^2(3p)^1$	↑↓	↑↓	↑↓ ↑↓ ↑↓	↑↓	↑
(c) O：$(1s)^2(2s)^2(2p)^4$	↑↓	↑↓	↑↓ ↑ ↑		
(d) Be：$(1s)^2(2s)^2$	↑↓	↑↓			
(e) N：$(1s)^2(2s)^2(2p)^3$	↑↓	↑↓	↑ ↑ ↑		
(f) Si：$(1s)^2(2s)^2(2p)^6(3s)^2(3p)^2$	↑↓	↑↓	↑↓ ↑↓ ↑↓	↑↓	↑ ↑
(g) Cl$^\ominus$：$(1s)^2(2s)^2(2p)^6(3s)^2(3p)^6$	↑↓	↑↓	↑↓ ↑↓ ↑↓	↑↓	↑↓ ↑↓ ↑↓
(h) Na$^\oplus$：$(1s)^2(2s)^2(2p)^6$	↑↓	↑↓	↑↓ ↑↓ ↑↓		

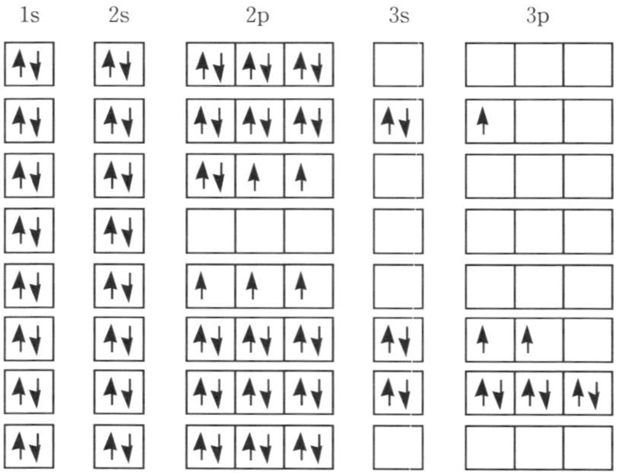

1-2

(a) エタン H₃C–CH₃ (ルイス構造)
(b) アセトン CH₃–C(=O)–CH₃ (ルイス構造)
(c) H–N̈H–H (アンモニア)
(d) H–N$^\oplus$(H)(H)–H (アンモニウム)
(e) H–C≡C–H
(f) :Ö=C=Ö:
(g) H₃C–Ö–H (メタノール)
(h) H₃C–CH=CH–H (プロペン)

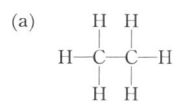

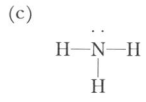

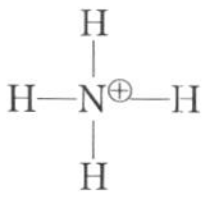

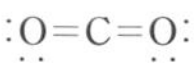

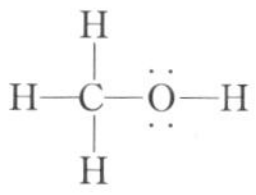

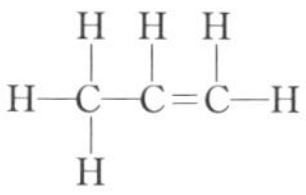

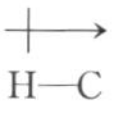

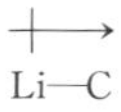

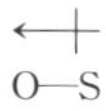

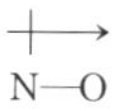

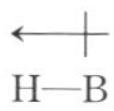

1-3

(1)

(a) H→C (b) Li→C (c) O←S (d) N→O (e) H←B (f) N→Cl

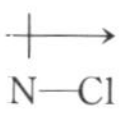

(2)

```
        Be-H,  Li-F,  C-P,  H-S,  C-Li,  N-H,  P-Cl,  Al-O
Δδ      0.5    3.0    0.4   0.4   1.5    0.9   0.9    2.0
```
C-P, H-S < Be-H < N-H, P-Cl < C-Li < Al-O < Li-F

1-4

(1)

(a) H：$1-0-(2/2)=0$
　　O：$6-4-(4/2)=0$

(b) H：$1-0-(2/2)=0$
　　C：$4-0-(8/2)=0$

(c) H：$1-0-(2/2)=0$
　　B：$3-0-(6/2)=0$

(d) N：$5-0-(8/2)=1$
　　B：$3-0-(8/2)=-1$

(e) N：$5-0-(8/2)=1$
　　B：$3-0-(8/2)=-1$
　　F：$7-6-(2/2)=0$

(2) 可能な構造式における各原子上の形式電荷を求めて判定すればよい。

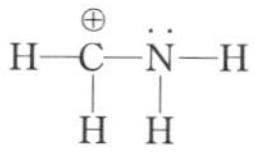

H–$\overset{\oplus}{\underset{H}{\overset{H}{C}}}$–$\overset{..}{\underset{H}{N}}$–H   H : 1-0-(2/2)=0
C : 4-0-(6/2)=1
N : 5-2-(6/2)=0

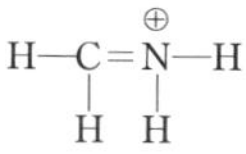

H–$\underset{H}{C}$=$\overset{\oplus}{\underset{H}{N}}$–H   H : 1-0-(2/2)=0
C : 4-0-(8/2)=0
N : 5-0-(8/2)=1

1-5

	アレニウスの定義	ブレンステッド・ローリーの定義	ルイスの定義
(a) $^\ominus$OH	B	B	B
(b) HCl	A	A	*
(c) H$^\oplus$	A	A	A
(d) $^\oplus$NH$_4$	A	A	A
(e) B(OH)$_3$	A	A	A
(f) Na$^\oplus$	×	×	A
(g) NH$_3$	*	*	B
(h) Cl$^\ominus$	×	B	B
(i) BF$_3$	×	*	A
(j) NH$_4$OH	B	B	B
(k) H$_2$O	*	B	B
(l) Fe$^{3\oplus}$	×	×	A
(m) H$_3$O$^\oplus$	A	A	A
(n) NO$_3$$^\ominus$	×	B	B

A：酸，B：塩基，＊：条件が決らないと分類が困難

■2章　有機分子の表現法とアルカン

2-1

1, 2, 3, 4, 5, 6, 7, 8, 9

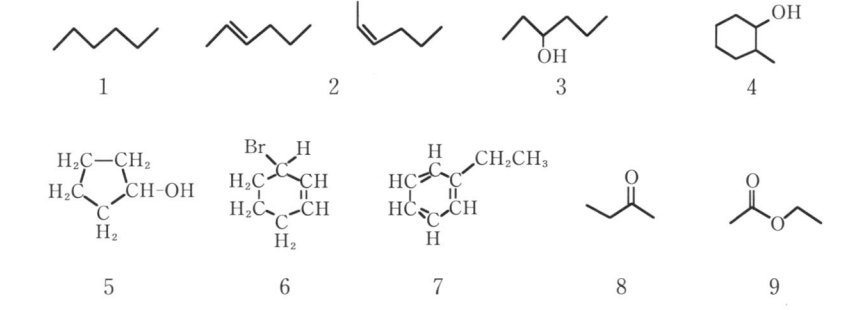

2-2

(1) 2-methylheptane　2,3-dimethylhexane　2,3,4-trimethylpentane　他，多数

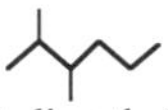

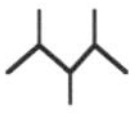

(2) 1, 2, 3　他

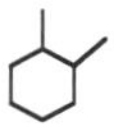

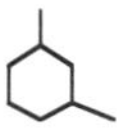

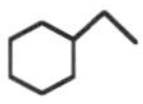

(3)

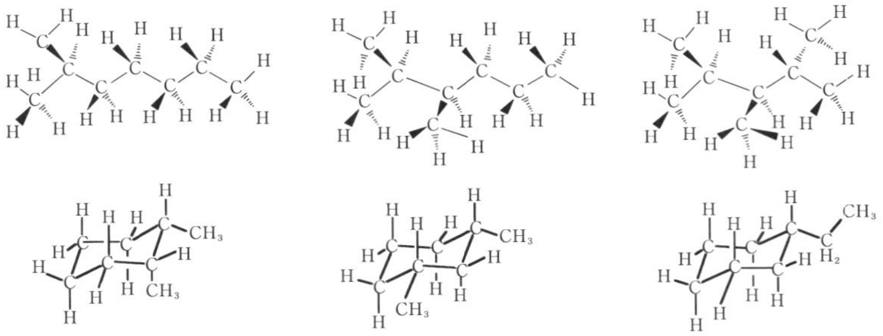

2-3
(1) 分子量が大きくなるほど，
(2) 直鎖状骨格であるほど，
(3) 水素結合やファンデルワールス力などの分子間相互作用が大きいほど，沸点は高くなる傾向がある。
 neopentane < 2,3-dimethylbutane < n-hexane < 2-methyl-2-butanol < 1-pentanol

2-4

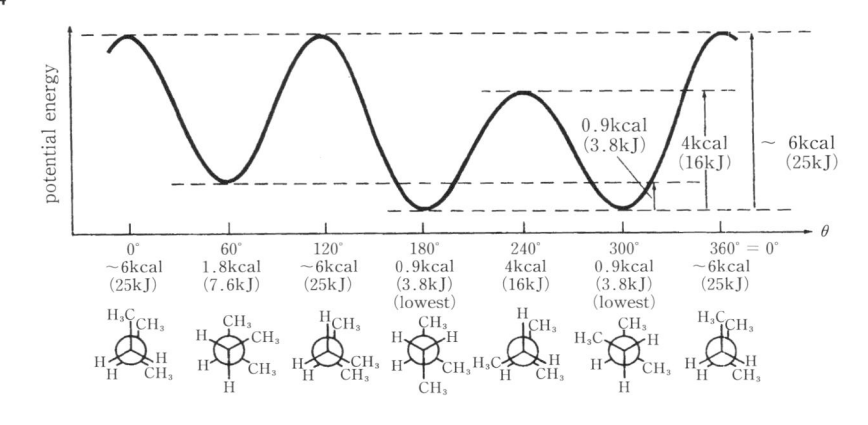

2-5
　トランス型立体配座であるので，一方の置換基がエクアトリアル位であれば，他方はアキシャル位である。いま，立体的な嵩高さはエチル基の方が大きいので，分子全体の立体障害がより小さくなるように，メチル基がアキシャル位を，エチル基がエクアトリアル位を占める。

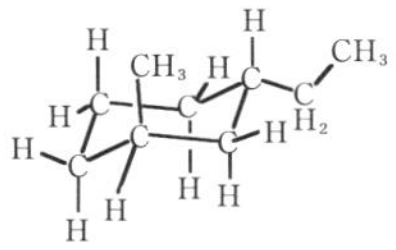

■ 3 章　有機化合物の分類と IUPAC 命名法
3-1
　1：3-methylhexane　　2：3-ethyl-2,4,5-trimethylheptane　　3：4-t-butyl-3-methylheptane
　4：3-ethyl-1,1-dimethylcyclopentane　　5：4-cyclopropyl-3-methyldecane
　6：cis-1-methyl-3-propylcyclobutane　　7：3-ethyl-2,2,6-trimethylheptane

8：3,7-diethyl-2,2,8-trimethyldecane (8-*t*-butyl-4-ethyl-3-methyldecane)
9：5-ethyl-2-hydroxyoctanoic acid
10：7,8-dichloro-1-hydroxy-4-(1-hydroxyethyl)-3-octanone

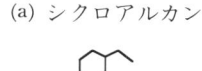

3-2

(a) シクロアルカン (b) アルケン (c) アルキン (d) アルカン

(e) ハロゲン化アルキル (f) 脂肪族アミン (g) 脂肪族エステル (h) 脂肪族アルコール

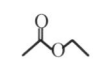

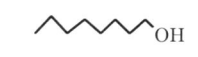

(i) 脂肪族ケトン (j) 芳香族アミド (k) 脂肪族アルコール (l) ハロゲン化アルキル

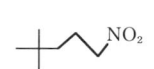

(m) 脂肪族ニトロ化合物 (n) ハロゲン化アルキル (o) 脂肪族アルコール

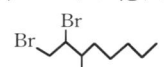

3-3

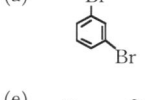

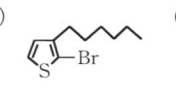

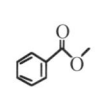

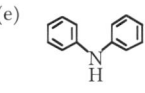

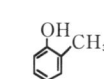

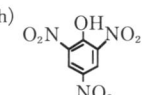

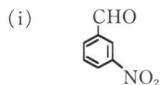

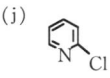

3-4

(1) ブタノールは水素結合による分子間力が大きいのに対し，その異性体であるジエチルエーテルには水素結合が無いので，沸点などに大きな差が出る。また，水酸基は金属ナトリウムと激しく反応したり，塩基による脱プロトン化を受けてアルコキシドを形成する。エーテル類は，むしろ，そのような反応の溶媒として用いられるくらいに安定な液体である。

(2) 分子双極子モーメントが3異性体間で明確に異なり，わずかの差であるが，分子双極子モーメントの大きさを反映する沸点も明らかに *p*-体（138.4℃）＜ *m*-体（139.1℃）＜ *o*-体（144.4℃）の順に高くなる。また，ニトロ化反応などによってさらに1個の置換基を導入した際，*o*-体からは2種類，*m*-体からは3種類，*p*-体からは1種類の生成物が得られる。

(3) フェノールは弱酸，トルエンは中性，安息香酸はフェノールよりも強い酸である。よって，安息香酸は弱塩基と反応して塩を形成するが，フェノールは，さらに強い塩基でないと塩を形成しない。トルエンは，実質的に塩を形成しない。室温では，トルエンだけが液体で，フェノールや安息香酸は固体である。また，安息香酸はカル

(4) *cis*-体ではC-Cl結合の双極子モーメントが同じ方向を向いて大きな分子双極子モーメントになるが，*trans*-体では互いに打ち消し合ってしまう。よって，*trans*-体の沸点（47.7℃）は，*cis*-体（60.6℃）に比べて明確に低い。

(5) アセトンはケトンでありこれ以上酸化されないが，プロパナールはアルデヒドでありさらに酸化されてカルボン酸になる。一方，ともに還元され，アセトンからは2級のイソプロピルアルコールが，プロパナールからは1級のプロピルアルコールが得られる。また，プロパナールの還元性を利用して，硝酸銀から銀鏡を形成することができる。

3-5
操作1) エーテル混合溶液を塩酸と振とうすると，3と4がアンモニウム塩を形成して水層の方に移るので，水層A（3，4）とエーテル層B（1，2）に分離する。

操作2) 水層Aを水酸化ナトリウム水溶液と振とうした後，エーテルで抽出すると，中和された3だけがエーテル層Cに移る。4はナトリウム塩となってそのまま水層Dに溶けているので，エーテル層C（3）と水層D（4）に分離したことになる。エーテル層Cを濃縮すると3が得られ，水層Dは酸で中和すれば4となる。

操作3) エーテル層Bを水酸化ナトリウム水溶液で振とうすると，2がナトリウム塩を形成して水層の方に移るので，水層E（2）とエーテル層F（1）に分離する。エーテル層Fを濃縮して1が得られる。

操作4) 水層Eを塩酸で中和して析出する2をエーテルで抽出して，濃縮すると（4）が得られる。

■ 4章 アルケンとアルキンの化学

4-1

・2本のπ結合は互いに直交
・4本のC-H結合も左右で直交
・C-C-Cは直線構造

中央炭素は sp-C

4-2

(1) $C_4H_{10} \xrightarrow[\Delta]{O_2} 4CO_2 + 5H_2O$

(2) $CH_3-CH=CH_2 \xrightarrow{Br_2} CH_3-\underset{Br}{CH}-\underset{Br}{CH_2}$

(3) $CH_3-C\equiv CH \xrightarrow{Br_2} CH_3-\underset{Br}{C}=\underset{}{CH}$ (上にBr)

(4) シクロヘキサノール $\xrightarrow[H_2SO_4]{K_2Cr_2O_7}$ シクロヘキサノン

(5) $CH_3CO_2H + CH_3CH_2OH \xrightarrow{触媒量の H_2SO_4} CH_3CO_2CH_2CH_3$

(6) プロペン $\xrightarrow[H_2O]{H_2SO_4}$ 2-プロパノール

(7) (CH₃)₂C=C(CH₃)₂ →[i) BH₃][ii) H₂O₂, OH⁻] (CH₃)₂CH-C(CH₃)₂-OH

(8) 2,5-ジメチルベンゼン + HNO₃/H₂SO₄ → 2,5-ジメチルニトロベンゼン

(9) 2,5-ジメチルベンゼン + Cl₂/鉄粉 → 2,5-ジメチルクロロベンゼン

(10) シクロペンタジエン + CH₂=CHCO₂CH₃ →[Δ] ノルボルネン-2-カルボン酸メチル

4-3

(1) CH₃-CH=CH₂ →[HBr] CH₃-CH(Br)-CH₃

(2) CH₃-C≡CH →[i) H₂SO₄, 触媒量の HgSO₄][ii) H₂O] CH₃-C(=O)-CH₃

(3) 1-メチルシクロヘキセン →[i) BH₃][ii) H₂O₂, OH⁻] trans-2-メチルシクロヘキサノール

(4) HOCH₂CH₂CH₂CH₂CO₂H →[CH₃CH₂OH / 触媒量の H₂SO₄] δ-バレロラクトン

(5) (CH₃)₂C=CHCH₃ →[i) O₃][ii) Zn/H₃O⁺] CH₃CHO + (CH₃)₂C=O

(6) PhCH=CHCH₃ →[KMnO₄ / H⁺, Δ] PhCO₂H + CH₃CO₂H

(7) PhCH₃ →[Br₂ / 紫外線照射] PhCH₂Br

(8) [reaction scheme: trans-β-methylstyrene + Br₂ → two dibromide stereoisomers]

(9) [reaction scheme: diphenylacetylene + H₂ (1 モル) / Pd → cis-stilbene]

(10) [reaction scheme: (E,E)-hexadiene + maleic anhydride → Δ → bicyclic anhydride]

4-4

[retrosynthesis: 2-methylcyclohexanone + CH₃CH₂CHO ⇐ enone (あるいは 別異性体)]

4-5

紫外線照射により臭素分子から生じた臭素ラジカルにより，次のように連鎖反応が起こる。

$$Br_2 \xrightarrow{紫外線照射} Br\cdot$$

[mechanism: cyclohexene + Br· → HBr + allyl radical (共鳴安定化) → + Br₂ → 3-bromocyclohexene + Br·]

ラジカル中間体もカルボニウムイオンの場合と同じく，隣接する二重結合により共鳴安定化を受け，アリルラジカルとして寿命の長い中間状態で存在することができる。これが臭素分子と反応して対応する 3-ブロモシクロヘキセンを生成し，同時に，臭素ラジカルも再生するので，臭素分子がなくなるまで連鎖反応が進行する。

4-6

HBr の付加は $H^{\oplus}$ による親電子攻撃から始まる。したがって最初に生成するカルボニウムイオンは **A** と **B** の共鳴イオンである。**A** に $Br^{\ominus}$ が結合すれば（1）となり（1,2付加物），**B** に $Br^{\ominus}$ が結合すれば（4）となる（1,4付加物）。共役ジエンでは（1）が主生成物（75〜80％）となり，（4）が副生成物である（20〜25％）。（2）を生成するためのカルボニウムイオン **C** は共鳴による安定化がなく，（3）を生成するためのカルボニウムイオン **D** は単に $H^{\oplus}$ の付加だけでは生成しえない。

$$CH_2=CH-CH=CH_2 \longrightarrow \underset{A}{CH_3-\overset{\oplus}{C}H-CH=CH_2} \longleftrightarrow \underset{B}{CH_3-CH=CH-\overset{\oplus}{C}H_2}$$

$$+ \; H^{\oplus} \qquad \underset{C}{CH_2=CH-CH_2-\overset{\oplus}{C}H_2} \qquad \underset{D}{CH_3-CH=\overset{\oplus}{C}-CH_3}$$

■ 5章　芳香族化合物の化学

5-1

(b), (c), (e), (g), (i), (j)が芳香族化合物。

理由は次の通り。(a)：非環状6π電子系。(b)：酸素の非共有電子対を含めて環状6π電子系。(c)：ジアニオンを含めて環状6π電子系。(d)：ラジカルを含めて環状5π電子系。(e)：窒素の非共有電子対を含めて環状6π電子系。イミン窒素の非共有電子対は，π電子系と直交しており無関係。(f)：環状4π電子系。ホウ素のp軌道は空であり無関係。(g)：カチオンが非局在化し，環状6π電子系。(h)：環状8π電子系。(i)：環状10π電子系。(j)：環状10π電子系。

5-2

名前は，(a)：クロロベンゼン。(b)：トルエン。(c)：ベンズアルデヒド。(d)：塩化ベンジル。(e)：フェノール。(f)：アニリン。(g)：ニトロベンゼン。(h)：アセトフェノン。(i)：アニソール。

ベンゼンよりも求電子置換反応を受けやすいのは，電子供与性置換基をもつ(b), (d), (e), (f), (i)。

5-3

(a)：フェノール＞酢酸フェニル＞ベンゼン

フェノールは，酸素の非共有電子対がベンゼン環に流れ込み，電子密度が大きく上昇する。酢酸フェニルもベンゼン環の隣に酸素原子を有するが，アセチル基が電子求引性なので酸素からの電子供与が若干弱められる。

(b)：トルエン＞ブロモベンゼン＞o-ジブロモベンゼン

ブロモベンゼンよりもo-ジブロモベンゼンの方が，電子求引性の臭素が2つ置換しているので電子密度が低い。トルエンは，メチル基の超共役によってある程度ベンゼン環の電子密度が高くなる。

(c)：o-キシレン＞クロロベンゼン＞ニトロベンゼン

クロロベンゼンは，電子求引性の塩素をもつ。o-キシレンは，2つあるメチル基の超共役によってベンゼン環の電子密度が高くなる。ニトロ基は，電子求引性が非常に強く，求電子置換反応は起こらない。

5-4

(a) フェニル基は，隣接するラジカルを共鳴安定化する。また，1つよりも2つの方が，より安定化効果が大きい。

$$\text{Ph}-\underset{\text{Ph}}{\overset{\text{Ph}}{\text{C}}}-\text{CH}_3 \;>\; \text{Ph}-\overset{\cdot}{\text{CH}}-\text{CH}_3 \;>\; \text{Ph}-\text{CH}_2-\overset{\cdot}{\text{CH}}_2$$

(b) パラ位の電子供与性基はカチオンを安定化し，電子求引性基は反対にカチオンを不安定化する。

(c) 共鳴構造式では，パラ位のメトキシ基の付け根の炭素にはカチオンが書けるので，直接安定化に寄与する。一方，メタ位のメトキシ基の付け根の炭素にはカチオンが書けないので，間接的に安定化に寄与するのみである。

5-5

臭素化は，臭化鉄Aがルイス酸触媒となって起こる。0価の鉄を用いても，系内で酸化されて臭化鉄ができ反応が進む。フリーデルクラフツのアシル化は，塩化アセチルBのような酸塩化物が用いられる。アセトフェノンのアセチル基は，メタ配向基なので，ブロモ化により m-ブロモアセトフェノンCが得られる。また，硝酸と硫酸が反応するとニトロニウムカチオンが発生し，ニトロベンゼンDが得られる。これをスズと塩酸で還元すると，アニリンEが得られる。メチル化は，塩化アルミニウムを触媒にして，臭化メチルFを作用させる。トルエンをクロム酸酸化すると，安息香酸Gが得られる。

5-6

N,N-ジメチルアミノ基は電子供与性であり，オルト位とパラ位の電子密度が高い。しかし，問題にある条件下では，窒素がプロトン化されるため電子求引性となり，m-配向基としてふるまうことに注意する必要がある。

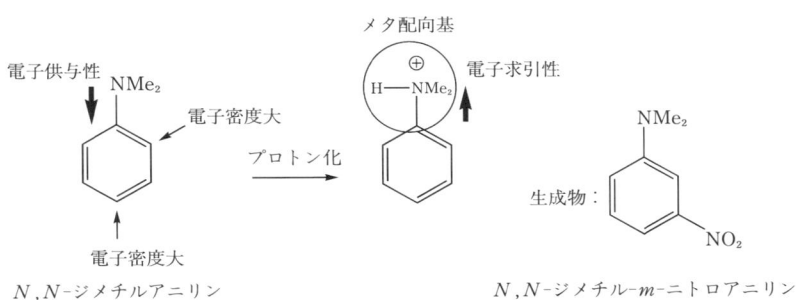

5-7

臭素に紫外光を照射すると共有結合がホモリシス（均一開裂）を起こし，ブロモラジカルを生成する（S1）。これがトルエンのメチル基から水素を引き抜き，ベンジルラジカルを与える（S2）。最終的に，このベンジルラジカルが再度 Br_2 から臭素を引き抜くことで臭化ベンジルが得られる（S3）。以上の反応が連鎖的に（繰り返し）進行する。

一方，暗所下で反応を行った場合には，一般的な求電子置換反応により，o-ブロモトルエンとp-ブロモトルエンが得られる。

光照射下

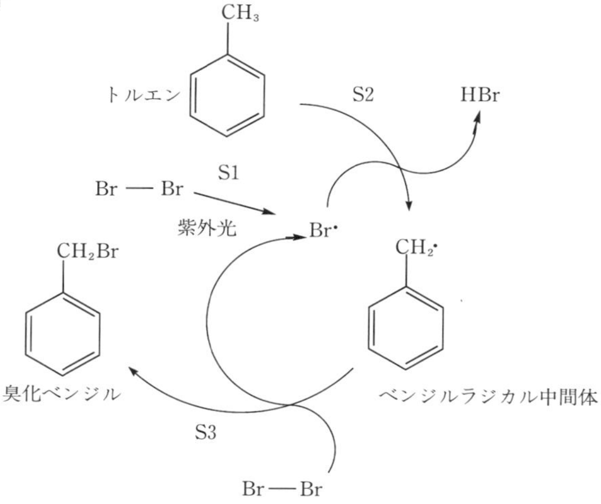

暗所下

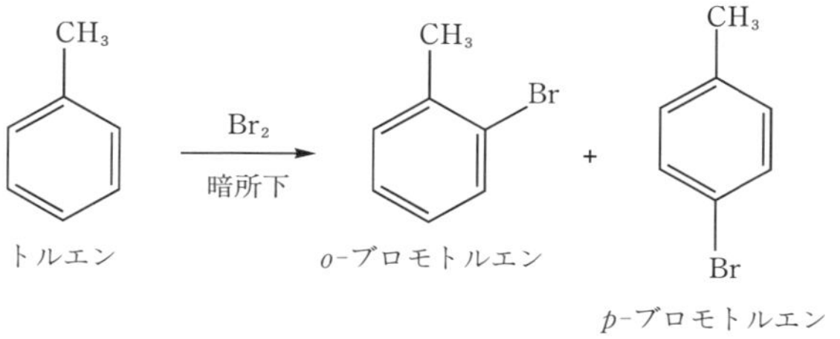

■ 6 章 立体化学

6-1

キラルであるのは，(a)，(b)，(e)，(f)，(g)。

理由は次の通り。(a)～(f)は不斉炭素をもつが，(c)と(d)は分子内に対称面を有するためアキラルである。(g)では，硫黄が，酸素，フェニル基，メチル基，および非共有電子対と4つの異なるグループをもつためキラルとなる。(h)は，酸素が2つあるのでアキラルである。

6-2

置換基の順位づけは図のようになる。最も優先順位の低い水素を奥に見て，残りのグループについて優先順位の高い方からたどると反時計回りになるので，これはS体である。

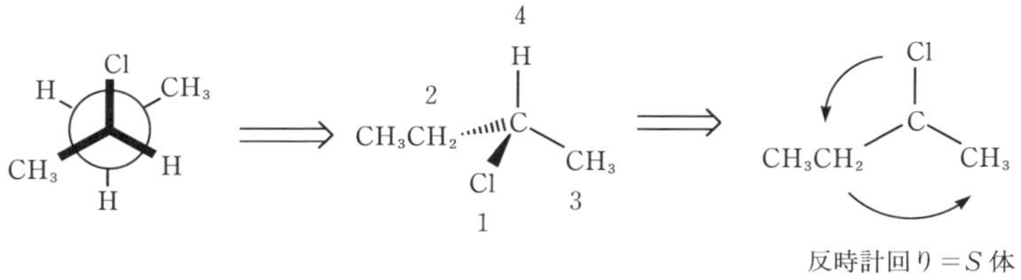

反時計回り＝S体

また，エナンチオマーの構造式は以下の通り。

6-3

横に並んだグループが手前，縦に並んだグループが奥に配置される。最も優先順位の低い水素を奥に見て，残りのグループについて優先順位の高い方からたどる。AはS体であるから，2と4がこれと同じエナンチオマーとなる。

6-4

Aでは，原子番号の大きい酸素原子をもつ水酸基が最優先。つぎに，メチル基をもつジメチルアミノ基が，水素をもつアミノ基よりも優先する。よって，R体。

Bでは，原子番号の大きい塩素が最優先。つぎに，カルボキシル基（酸素が3つ置換）が，アルケニル基（炭素2つと水素1つが置換）よりも優先する。よって，S体。

Cでは，ホルミル基（酸素2つと水素1つが置換）が最優先。つぎに，アルキニル基（炭素3つが置換）が，メチル基よりも優先する。よって，S体。

Dでは，カルボキシル基（酸素が3つ置換）が最優先。つぎに，ホルミル基（酸素2つと水素1つが置換）が，フェニル基（炭素3つが置換）よりも優先する。よって，R体。

Eでは，メタ位よりもオルト位の方が中心に近いので，優先される。メチル基は，優先順位ではこの後になる。よって，S体。

A：R体 B：S体 C：S体 D：R体 E：S体

6-5
順位づけに従って以下のように決定される。

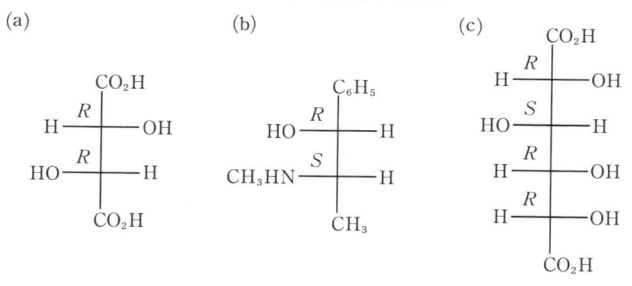

(a) 構造式: R, R 配置（CO_2H, OH, H, CO_2H を含む）

(b) 構造式: R, S 配置（C_6H_5, CH_3NH, CH_3 を含む）

(c) 構造式: R, S, R, R 配置（CO_2H, OH 複数を含む）

6-6
2-アミノ-3-ヒドロキシブタン酸には，2位と3位に不斉炭素があり，この分子には対称面がないので，$2 \times 2 = 4$ つの立体異性体が存在する。AとB，およびCとDがエナンチオマーの関係にある。

構造式: 2-アミノ-3-ヒドロキシブタン酸

A: $2S, 3S$　B: $2R, 3R$　C: $2R, 3S$　D: $2S, 3R$

A⌣B エナンチオマー　　C⌣D エナンチオマー

6-7
2,3-ジヒドロキシペンタンには，2つの不斉炭素があるが，分子に対称面が存在するため，立体異性体は $2 \times 2 - 1 = 3$ つである。メソ体であるAとBは，図に示した面の左右で一方が他方のエナンチオマーとなっており，同一化合物である。

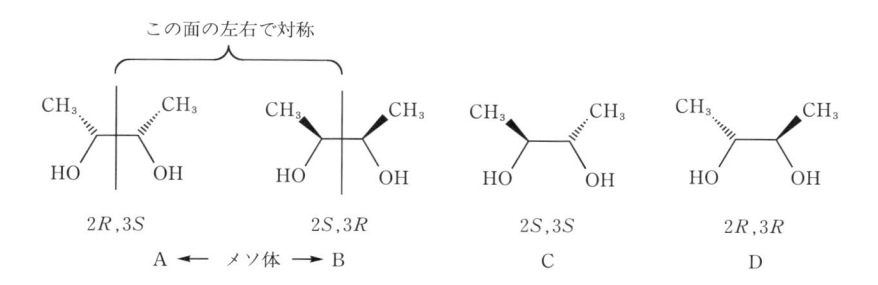

この面の左右で対称

A: $2R, 3S$　B: $2S, 3R$　C: $2S, 3S$　D: $2R, 3R$

A ← メソ体 → B

■ 7章　有機ハロゲン化合物の化学

7-1
(a) S_N1 条件では，生成するカチオンの安定性が反応性と比例するので，$(CH_3)_3CBr > (CH_3)_2CHBr >$

152

CH$_3$CH$_2$Br。S$_N$2条件では，立体障害が小さいものほど反応性が高いので，CH$_3$CH$_2$Br ＞ (CH$_3$)$_2$CHBr ＞ (CH$_3$)$_3$CBr。

(b) 立体障害は，どれも同程度であるので，ハロゲンの脱離能力が置換反応の速度を決定する。よって，S$_N$1, S$_N$2いずれの条件でも，PhCH$_2$I ＞ PhCH$_2$Br ＞ PhCH$_2$Cl ＞ PhCH$_2$F。

7-2

反応速度 R は以下の式で表される。ここで，k は反応速度定数である。反応速度は1-クロロプロパンとシアン化物イオンの濃度の一次に比例するから，(a)の場合は3倍，(b)の場合は $2 \times 2 = 4$ 倍，(c)の場合は $1/2$ 倍になる。

$$R = k\,[\text{1-クロロプロパン}]\,[\text{シアン化物イオン}]$$

7-3

(a), (b), (c)は，どれもS$_N$2反応が起こり，アニソール(A)，3-フェニルプロペン(B)，(R)-2-メトキシペンタン(C)が得られる。(c)は，立体反転した生成物が得られることが重要である。(d)は，立体障害が大きいので，E2反応によって2-メチル-2-ブテン(D)が得られる。(e)は，S$_N$2反応によって2-ヘプチン(E)が得られる。(f)は，求核性の高いヨウ素によりS$_N$2反応が起こり，1-ヨードブタン(F)が得られる。

(a) PhOCH$_3$

(b) 3-フェニルプロペン（アリルベンゼン）

(c) (R)-2-メトキシペンタン

(d) 2-メチル-2-ブテン

(e) CH$_3$—≡—CH$_2$CH$_2$CH$_3$

(f) CH$_3$CH$_2$CH$_2$CH$_2$I

7-4

まず，塩素アニオンが脱離して2つの共鳴構造式AとBをもつカチオン中間体を与える。Aに酢酸アニオンが付加すれば，trans-酢酸シンナミル(1)と cis-酢酸シンナミル(2)が得られる。一方，Bに酢酸アニオンが付加すれば，(R)-3-アセトキシ-3-フェニルプロペン(3)と (S)-3-アセトキシ-3-フェニルプロペン(4)が得られる。

7-5

2-クロロ-2-メチルプロパンを加熱すると，塩素アニオンが脱離して安定な三級カチオンを生成する．続いて，ルートAのようにエタノールが付加して脱プロトンが起これば，t-ブチルエチルエーテルが得られる．S_N1反応が起こったことになる．一方，ルートBのように直接脱プロトン化が起これば，2-メチルプロペンが得られる．E1反応が起こったことになる．

7-6

trans-1-ブロモ-2-メチルシクロヘキサンからE2脱離が起こるためには，臭素がアキシアル位に位置するような図の配座をとる必要がある．この時，脱離基である臭素と近平面アンチの関係にあるのは，H^2ではなくH^1だけである．したがって，生成物はSaytzeff則に従わない2置換オレフィンとなる．

trans-1-ブロモ-2-メチルシクロヘキサン　　3-メチルシクロヘキセン

■ 8 章　アルコールの化学

8-1

(a), (b)：プロトンが脱離したときに，アルコキシドを安定化する構造ほど酸性度が高い。逆に，不安定化する電子供与性基を有するものは，酸性度が低い。

(a)

$ClCH_2OH > CH_3OH > CH_3CH_2OH > CH_3OCH_2OH$

(b)

O_2N-C$_6$H$_4$-OH ＞ C$_6$H$_5$-OH ＞ CH$_3$O-C$_6$H$_4$-OH

(c)：オルト位のアセチル基は，水酸基と分子内水素結合を形成して安定化しているので，酸性度は低くなる。パラ位のアセチル基は，フェノキシドイオンを電子的に安定化するので，フェノールよりも酸性度が高い（共鳴構造を考えてみよう）。

CH_3CO-C$_6$H$_4$-OH ＞ C$_6$H$_5$-OH ＞ (2-COCH$_3$)C$_6$H$_4$-OH

8-2

cis-1,3-シクロヘキサンジオールには，置換基が共にアキシアル位に位置する構造と，共にエクアトリアル位に位置する構造が考えられる。一般的に，嵩高い置換基は1,3-ジアキシアル相互作用によってエクアトリアル位を向いた方が安定である。しかし，*cis*-1,3-シクロヘキサンジオールでは，アキシアル位にある2つの水酸基で分子内水素結合を形成することができるため，図に示したような安定性となる。

分子内水素結合

8-3

(a)では，S$_N$i 反応により1-ブロモブタン(A)が得られる。(b)では，S$_N$1反応により2-クロロ-2-メチルプロパン(B)が得られる。(c)では，分子内で脱水反応が起こり，テトラヒドロフラン(C)が得られる。生成する5員環が比較的安定であるので，分子内反応が優先することに注意したい。(d)では，酸性条件下，二クロム酸カリウムで処理すると，酢酸(D)まで酸化が進行する。これに対して，(e)では，温和な酸化剤（PCC）を用いているので，アセトアルデヒド(E)

で反応が止まる。

(a) CH₃CH₂CH₂CH₂Br

(b) (CH₃)₃C-Cl

(c) テトラヒドロフラン

(d) CH₃CO₂H

(e) CH₃CHO

8-4

(S)-1-フェニルエタノールを臭化水素酸で処理すると，ヒドロキシル基が水として脱離し，安定なカルボカチオン中間体を与える。これは平面構造であり，分子面の上下から同じ確率で臭素アニオンが反応し，ラセミ体の1-ブロモ-1-フェニルエタン(A)が得られる。アルコールを塩化チオニルと反応させると，S_Ni 反応により，立体配置を保持したままヒドロキシル基が塩素に置き換わった(S)-1-クロロ-1-フェニルエタン(B)が得られる。アルコールを水素化ナトリウムで処理するとアルコキシドが発生し，これとハロゲン化合物を反応させると1-フェニルエチルブチルエーテル(C)が得られる（Williamson エーテル合成）。

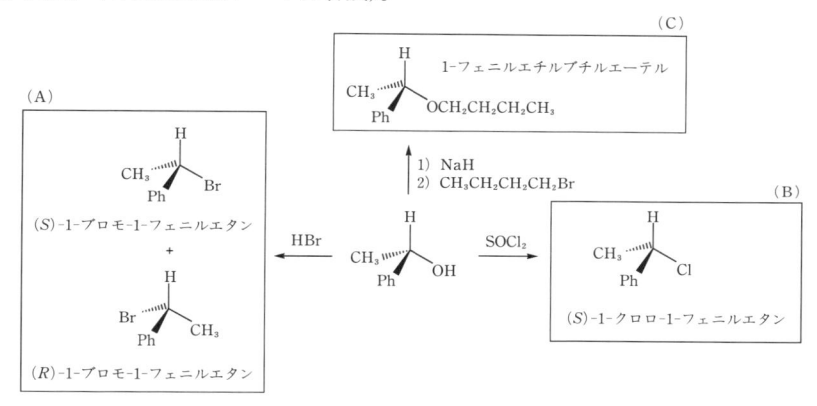

(A) (S)-1-ブロモ-1-フェニルエタン + (R)-1-ブロモ-1-フェニルエタン

(B) (S)-1-クロロ-1-フェニルエタン

(C) 1-フェニルエチルブチルエーテル

8-5

(a)では，プロトンによりヒドロキシル基が水として脱離し，三級カチオン中間体を生成する。ここから脱プロトンすることで，2-メチル-1-プロペンが得られる。(b)でも，同様にヒドロキシル基が水として脱離し三級カチオンが生成する。ルート1で脱プロトン化すれば，2,3-ジメチル-1-ペンテンができ，ルート2で脱プロトン化すれば，2,3-ジメチル-2-ペンテン（主生成物）ができる。

(a) 2-メチル-2-プロパノール → t-ブチルカチオン中間体 → 2-メチルプロペン

(b) 2,3-ジメチル-2-ペンタノール →

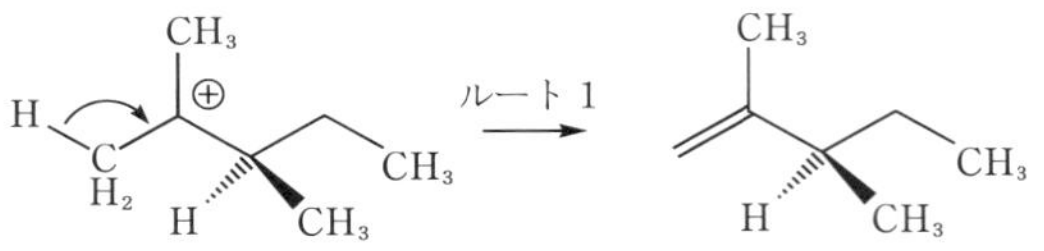

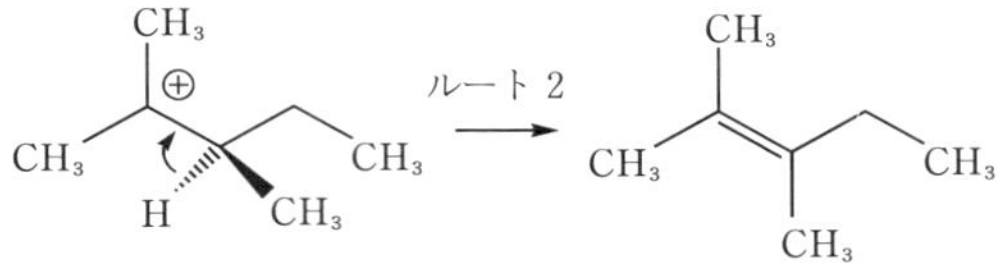

8-6

まず, ヒドロキシル基が脱離し, カチオン中間体を与える。ルート1でプロトンがとれれば, *trans* 体と *cis* 体の1-フェニルプロペンが得られる。一方, ルート2でプロトンがとれれば, 3-フェニルプロペンが得られる。ベンゼン環と共役した内部オレフィンで, かつ立体障害の小さい *trans*-1-フェニルプロペンが主生成物と考えられる。

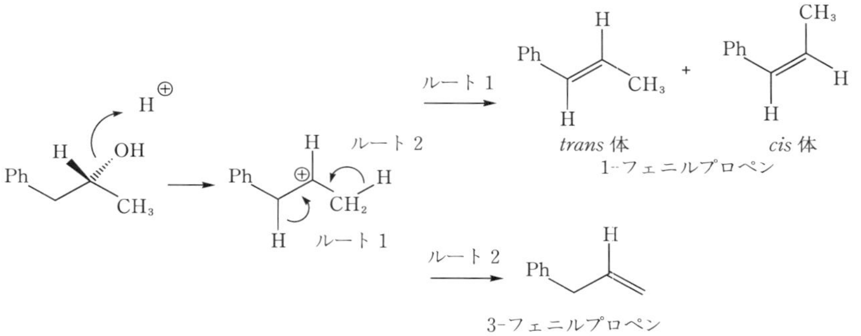

9章　エーテルの化学

9-1

酸素の非共有電子対が, ベンゼン環に非局在化するほど塩基性は低下する。また, ベンゼン環に電子求引性基をもつものは, さらに非局在化しやすくなり, より一層塩基性は低下する。

(a)

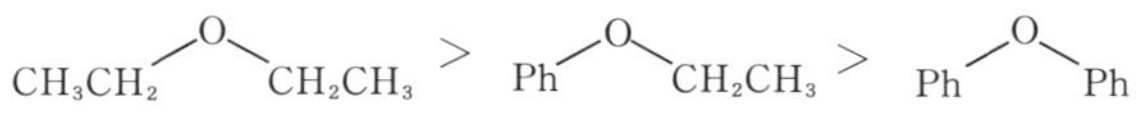

$CH_3CH_2-O-CH_2CH_3$ > $Ph-O-CH_2CH_3$ > $Ph-O-Ph$

(b)

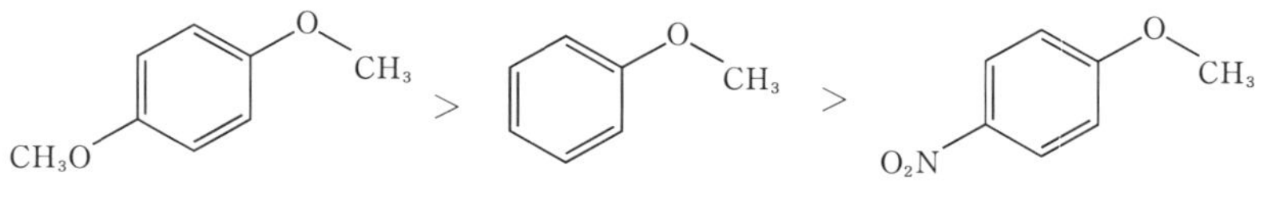

9-2

(a)では, エーテル結合が, t-ブチルカチオンとメタノール (A1) に開裂する。さらに, t-ブチルカチオンからプロトンが外れて2-メチルプロペン (A2) が生成する。(b)では, 酸により活性化されたエポキシドにエタノールが求核攻撃し, エチレングリコールモノエチルエーテル(B)が得られる。(c)では, Grignard試薬がエポキシドを攻撃し,

3-メチル-1-ブタノール(C)が得られる。

(A) CH₃OH + CH₂=C(CH₃)CH₃
 (A1)   (A2)

(B) エトキシエタノール構造 (CH₃CH₂-O-CH₂CH₂-OH)

(C) (CH₃)₂CH-CH₂-CH₂-OH

9-3

いずれのルートでも塩基性条件で反応を行うが，ルート1では，*tert*-ブチルブロミドがE2脱離反応を起こし，2-メチルプロペンとなる副反応が予想される。また，メトキシドが得られても，立体障害から*tert*-ブチルブロミドが求核置換反応を受けにくいことも問題である。よって，ルート2で反応させた方がよい。

9-4

非対称エーテルを臭化水素酸で処理すると解裂する結合の位置によって2種類の反応経路が考えられる。ここでは，(a)の経路で反応が進行して，エタノールとイソプロピルブロミドが得られる場合と，(b)の経路で反応して，イソプロピルアルコールとエチルブロミドが得られる場合が考えられる。

(a) エチルイソプロピルエーテル + H⁺ → エタノール + 二級カチオン → イソプロピルブロミド

(b) エチルイソプロピルエーテル + H⁺ → 一級カチオン + イソプロピルアルコール → エチルブロミド

9-5

Williamson エーテル合成で，ジフェニルエーテルを得ようとする場合，フェノキシドとブロモベンゼンを反応させるルートが頭に浮かぶ。しかし，ベンゼン環には電子が豊富に存在し，求核置換反応を受けることはないので，この方法では合成は不可能である。

9-6

mCPBAによる酸化では，アルケンの分子平面の同一方向から立体特異的に反応が起こる。trans-2-ブテンからは(2R,3R)-2,3-エポキシブタンもしくは(2S,3S)-2,3-エポキシブタンが，cis-2-ブテンからは(2R,3S)-2,3-エポキシブタンが得られる。

trans-2-ブテン → (2R,3R)-2,3-エポキシブタン

cis-2-ブテン → (2R,3S)-2,3-エポキシブタン：メソ体

■10章 アルデヒドとケトンの化学

10-1

アルデヒドの方が反応性が高い。大きく2つの理由が考えられる。1つは，ケトンのカルボニル炭素の正電荷がアルキル基の誘起効果によって，アルデヒドのカルボニル炭素より非局在化しているため安定となり反応性が低くなる。もう1つは，アルデヒドのカルボニル炭素は，ケトンのカルボニル炭素よりも立体障害が小さいため求核剤が攻撃しやすい。

10-2

(a) $CH_3CH(OH)_2$ (b) $CH_3CH(OH)CN$ (c) $CH_3CH(OH)(OR)$ (d) $CH_3CH(OR)_2$ (e) $CH_3CH=NH$ (f) $CH_3CH=NOH$

(g) $CH_3CH=N-NH-Ph$ (h) $CH_2=CH-OH$ (i) $CH_3CH=CHCHO$

10-3

(a) ジメチルアセタール (b) アルコール(Ph付加) (c) シアノヒドリン (d) ジオール (e) オキシム

(f) ヒドラゾン (g) アルケン (h) アシルクロリド (i) カルボキシレート

10-4

(a) $CH_3CH_2Br \xrightarrow{{}^-OH} CH_3CH_2OH \xrightarrow{PCC}$ アルデヒド

(b) プロパノール $\xrightarrow{H_2SO_4}$ アルケン $\xrightarrow{O_3}$ オゾニド $\xrightarrow[H_3O^+]{Zn}$ アルデヒド

(c) アセチルクロリド + ベンゼン $\xrightarrow{AlCl_3}$ アセトフェノン

(d) 構造式: 1-ペンチン + H₂O / H₂SO₄, HgSO₄ → エノール(OH) ⇌ 2-ペンタノン (4.3参照)

10-5

(a) 1-メチルシクロヘキサノール (OH)
(b) メチレンシクロヘキサン
(c) 1,1-ジメトキシシクロヘキサン (CH₃O, OCH₃)
(d) シクロヘキサノン N-メチルオキシム (NOCH₃)
(e) 1-ヒドロキシシクロヘキサンカルボニトリル (HO, CN)

10-6

(a) シクロヘキサノン + CH₃–MgBr → OMgBr 中間体 → H₃O⁺ → 1-メチルシクロヘキサノール(OH)

(b) シクロヘキサノン + Ph₃P⁺–CH₂⁻ → オキサホスフェタン中間体 → −Ph₃P=O → メチレンシクロヘキサン

(c) シクロヘキサノン + H⁺ → プロトン化体(O–H) → HOCH₃ → HO⁺, OCH₃ 中間体 → −H⁺ → HO, OCH₃ → H⁺ → H₂O⁺, OCH₃ → HOCH₃ → CH₃O⁺, OCH₃ → −H⁺ → CH₃O, OCH₃

(d) シクロヘキサノン + H⁺ → O–H → :NH₂OCH₃ → HO⁺, NHOCH₃ → −H⁺ → HO, NHOCH₃ → H⁺ → H₂O⁺, NOCH₃ → −H₃O⁺ → NOCH₃

(e) シクロヘキサノン + ⁻CN → O⁻, CN → H–CN → HO, CN + ⁻CN

10-7

(a) ペンタナール + HO–OH (エチレングリコール)
(b) 4-ヒドロキシブタナール (OH, CHO)
(c) (CH₃)₂C=O + NH₂CH₃
(d) プロリナール (NH₂, CHO)

10-8

(a) — (g) [反応スキーム図]

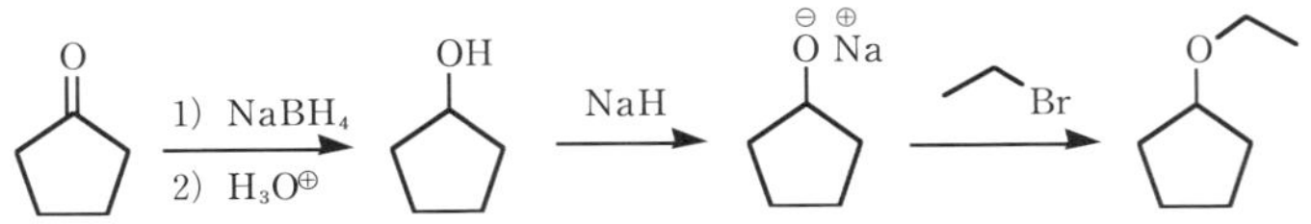

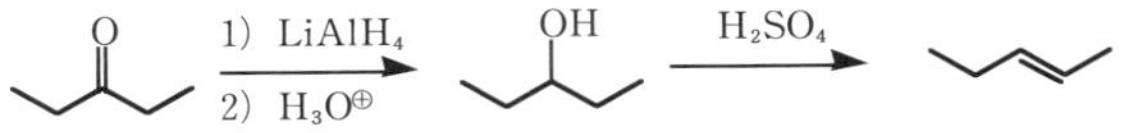

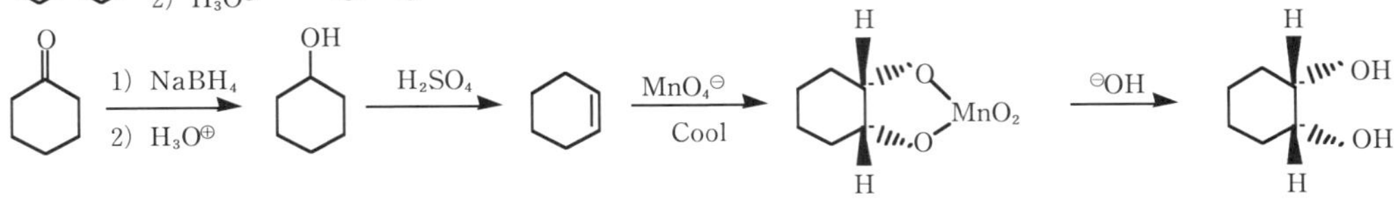

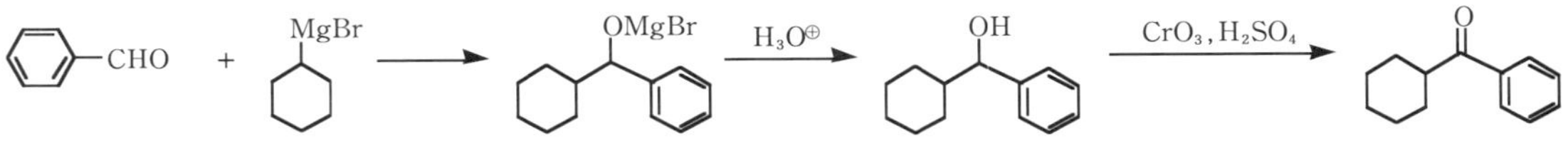

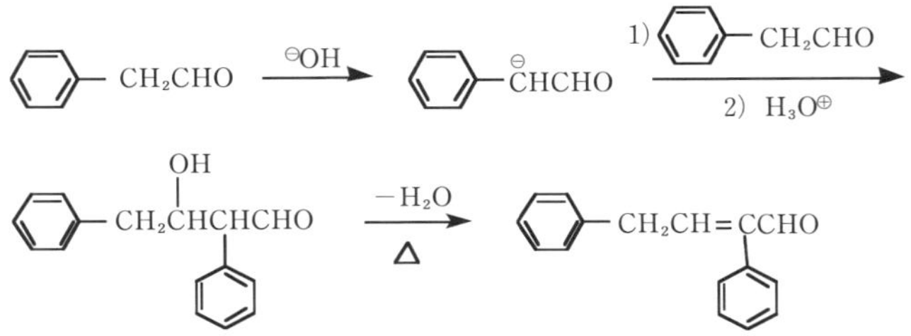

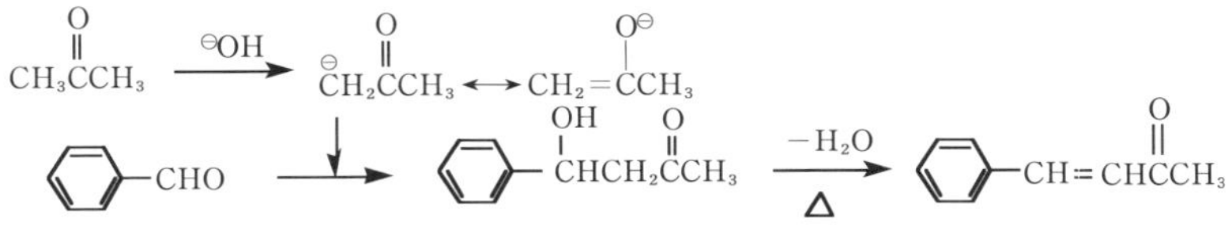

■11章 カルボン酸の化学

11-1
カルボキシル基のカルボニル炭素は sp² 混成。酸素原子は各々 2 組の非共有電子対を持つ。カルボン酸イオンは共鳴安定化できるため，カルボン酸はプロトンを放出して酸性を示す。

カルボン酸分子は，OH 基を持つので水と水素結合をつくることができるため，1～4 個の炭素を持つカルボン酸は水と混ざり合う。炭素が増えるにつれて水と混ざりにくくなる。

水素結合を形成しない溶媒中において，2 つのカルボン酸分子間で水素結合を形成して 2 量体の状態になる。

11-2
酸性度が低いと pK_a が大きい。

プロピオン酸 > 酢酸 > ブロモ酢酸 > クロロ酢酸 > ジクロロ酢酸

11-3

(a) propyl ester structure — CH₃CH₂CH₂C(=O)OCH(CH₃)₂ (isopropyl butanoate)

(b) CH₃CH₂CH₂C(=O)NHCH₃

(c) CH₃CH₂CH₂C(=O)Cl

11-4

(a) CH₃CH₂C(=O)OCH₃

(b) CH₃CH₂CH₂OH

(c) CH₃CH₂C(=O)O⁻ Na⁺

(d) CH₃CH₂C(=O)Br

11-5

(a) [Mechanism of Fischer esterification shown: propanoic acid + H⁺ → protonated carbonyl; addition of HOCH₃; proton transfer to give tetrahedral intermediate; protonation of OH; loss of H₂O; deprotonation to give methyl propanoate (CH₃CH₂C(=O)OCH₃).]

11-6

(a) benzene →(CH₃Cl, AlCl₃)→ toluene →(KMnO₄, Δ)→ benzoic acid   (5.3参照)

(b) CH₃CH₂Br →(⁻CN)→ CH₃CH₂CN →(H₃O⁺)→ CH₃CH₂CO₂H

(c) H₃C–C₆H₄–Cl →(Mg)→ H₃C–C₆H₄–MgCl →(CO₂)→ H₃C–C₆H₄–COMgCl →(H₃O⁺)→ H₃C–C₆H₄–COOH

(d) cyclohexanol →(H₂SO₄)→ cyclohexene →(KMnO₄, H₃O⁺, Δ)→ HOOC(CH₂)₄COOH (adipic acid)

(e) (CH₃)₂C=CH₂ →(HBr)→ (CH₃)₃C–Br →(Mg)→ (CH₃)₃C–MgBr →(CO₂)→ (CH₃)₃C–CO₂MgBr →(H₃O⁺)→ (CH₃)₃C–CO₂H

11-7

　安息香酸は，炭酸水素ナトリウム（NaHCO₃）と反応して安息香酸ナトリウムと炭酸となる。炭酸は不安定ですぐに炭酸ガスと水になる。一方，フェノールは，炭酸より酸性度が小さいため炭酸水素ナトリウムと反応しない。これらのことを利用して，抽出法で分離することができる。すなわち，有機溶媒に溶けているフェノールと安息香酸の混合物試料へ飽和炭酸水素ナトリウム水溶液を加え，分液ロートで2層（有機層と水層）に分離する。この有機層にフェノールが存在する。ここで得た水層に有機溶媒を加え，希塩酸で酸性にし，有機層を取り出す。この有機層に安息香酸が存在する。

■12章 カルボン酸誘導体の化学

12-1

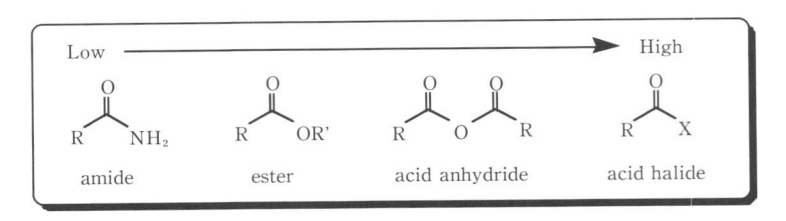

Low → High: amide, ester, acid anhydride, acid halide

カルボン酸誘導体の反応性は，カルボニル炭素に結合している脱離基の脱離能に依存している。脱離能が高いと反応性が高くなる。

12-2
(a) シクロヘキシル酢酸エステル (b) N,N-ジメチルアセトアミド (c) アセチルブロミド (d) 無水酢酸

12-3
(a) 安息香酸 (b) 安息香酸メチル (c) ベンズアミド (d) N-メチルベンズアミド

12-4
(a) PhCOCl + H_2O → 四面体中間体 → $-Cl^-$ → プロトン化中間体 → $-H^+$ → PhCOOH

(b) PhCOCl + $HOCH_3$ → 四面体中間体 → $-Cl^-$ → プロトン化中間体 → $-H^+$ → PhCOOCH$_3$

(c) PhCOCl + NH_3 → 四面体中間体 → Cl^- → プロトン化中間体 → $-H^+$ → PhCONH$_2$

(d) PhCOCl + NH_2CH_3 → 四面体中間体 → $-Cl^-$ → プロトン化中間体 → $-H^+$ → PhCONHCH$_3$

12-5
(a) 安息香酸 (b) 安息香酸メチル (c) ベンズアミド (d) N-メチルベンズアミド

12-6

(a) pentanoic acid — CH₃CH₂CH₂CH₂COOH
(b) pentanoate anion — CH₃CH₂CH₂CH₂COO⁻
(c) 1-pentanol — CH₃CH₂CH₂CH₂CH₂OH
(d) 1,1-diphenyl-1-pentanol
(e) pentanamide

12-7

(a) Acid-catalyzed ester hydrolysis mechanism (isopropyl pentanoate + H⁺ → protonation of carbonyl → H₂O addition → tetrahedral intermediate → −H⁺ → proton transfer → loss of isopropanol → −H⁺ → pentanoic acid)

(b) Base-promoted ester hydrolysis (⁻OH addition → tetrahedral intermediate → loss of isopropoxide → pentanoic acid; then isopropoxide deprotonates acid → pentanoate + isopropanol)

(c) Reduction with hydride (⁻H addition to ester → tetrahedral intermediate → loss of isopropoxide → pentanal; second ⁻H addition → alkoxide → H⁺ → 1-pentanol)

(d) Ph–MgBr addition to ester → tetrahedral intermediate → loss of isopropoxide → 1-phenyl-1-pentanone; second Ph–MgBr addition → alkoxide (OMgBr) → H₃O⁺ → 1,1-diphenyl-1-pentanol

(e) NH₃ addition to ester → tetrahedral intermediate with ⁺NH₃ → loss of isopropoxide → protonated amide → −H⁺ → pentanamide

12-8

(a) CH₃CH₂C(=O)OCH₃ →[CH₃MgBr] CH₃CH₂C(=O)CH₃ →[CH₃MgBr] (CH₃)₂C(OMgBr)CH₂CH₃ →[H₃O⁺] (CH₃)₂C(OH)CH₂CH₃

(b)

$CH_3CH_2CH_2COOH \xrightarrow{SOCl_2} CH_3CH_2CH_2COCl \xrightarrow{NH_2CH_3}$

$CH_3CH_2CH_2COOH \xrightarrow[CH_3OH]{H^\oplus} CH_3CH_2CH_2COOCH_3 \xrightarrow{NH_2CH_3} CH_3CH_2CH_2CONHCH_3$

(c) $CH_3CH_2CH_2COOCH(CH_3)_2 \xrightarrow{LiAlH_4} CH_3CH_2CH_2CH_2O^\ominus \xrightarrow{H^\oplus} CH_3CH_2CH_2CH_2OH \xrightarrow{PBr_3} CH_3CH_2CH_2CH_2Br$

(d) $C_6H_6 \xrightarrow[AlCl_3]{CH_3Cl} C_6H_5CH_3 \xrightarrow[\Delta]{KMnO_4} C_6H_5CO_2H \xrightarrow[CH_3CH_2OH]{H^\oplus} C_6H_5CO_2CH_2CH_3$

(e) $2\ CH_3COOCH_2CH_3 \xrightarrow{CH_3CH_2O^\ominus} CH_3COCH^\ominus COOCH_2CH_3 \xrightarrow{H^\oplus} CH_3COCH_2COOCH_2CH_3$

(f) $CH_3COCH_2COOCH_2CH_3 \xrightarrow[\Delta]{H_3O^\oplus} CH_3COCH_2COOH \xrightarrow{\Delta} CH_3COCH_3 + CO_2$

(g) $CH_3COCH_2COOCH_2CH_3 \xrightarrow[\Delta]{^\ominus OH} CH_3COCH_2COO^\ominus \xrightarrow[Cool]{H^\oplus} CH_3COCH_2COOH$

12-9

(a)

$2\ CH_3CH_2COOCH_3 \xrightarrow{CH_3O^\ominus} CH_3CH_2COC(CH_3)^\ominus COOCH_3 \xrightarrow{H^\oplus} CH_3CH_2COCH(CH_3)COOCH_3$

(b)

[diester of heptanedioic acid dimethyl ester] $\xrightarrow{CH_3O^\ominus}$ [2-acetylcyclohexanone anion] $\xrightarrow{H^\oplus}$ 2-acetylcyclohexanone

(c) [反応式図: アルドール逆合成とクライゼン様縮合の反応スキーム]

■13章 アミンの化学

13-1
　アミンは分極したN–H結合を持つため，酸素や他の窒素原子の非共有電子対と水素結合をする。NH⋯N結合はOH⋯O結合よりもはるかに弱い。このためN–H結合を持つアミンの沸点は，アルカンとアルコールの中間になる。

13-2
(a) ジメチルアミン：塩基性度は，電子供与性基であるアルキル基の誘起効果に影響される。すなわち，アルキル基の数が多い方が塩基性度が高い。
(b) 1-アミノ-2-プロパノン：アミドの窒素原子の非共有電子対は，共鳴により非局在化しているためプロトンとの結合形成に役にたっていないため。
(c) シクロヘキシルアミン：アニリンの窒素原子の非共有電子対は，共鳴により非局在化しているためプロトンとの結合形成に役にたっていないため。
(d) p-メチルアニリン：塩基性度は，誘起効果に影響される。電子供与性基であるアルキル基では，塩基性度が高くなり，電子求引性基であるトリフルオロメチルでは塩基性度が低くなる。

13-3
(a) $NH_3 + 3CH_3CH_2Br \longrightarrow (CH_3CH_2)_3N$
(b) $NH_3 + 4CH_3CH_2CH_2CH_2Cl \longrightarrow (CH_3CH_2CH_2CH_2)_4\overset{\oplus}{N}\ \overset{\ominus}{Cl}$

13-4
$RNH_2 \xrightarrow{\text{dil. HCl}} R\overset{\oplus}{N}H_3\ \overset{\ominus}{Cl} \xrightarrow{\overset{\ominus}{O}H} RNH_2$

　アミンは塩基性を示す。このことを利用して，抽出法で分離することができる。すなわち，有機溶媒に溶けているエステル，アミド，アミンの混合物へ希塩酸を加え，分液ロートで2層（有機層と水層）に分離する。この有機層にエステルとアミドが存在する。ここで得た水層に有機溶媒を加え，希水酸化ナトリウム水溶液でアルカリ性にし，有機層を取り出す。この有機層にアミンが存在する。ただし，エステルの加水分解に注意して行う必要がある。

13-5
(a) [反応スキーム: ベンゼン → (CH₃Cl/AlCl₃) → トルエン → (HNO₃/H₂SO₄) → ジニトロトルエン → (Fe, HCl, Δ) → ジアンモニウム塩 → (⁻OH) → ジアミノトルエン]

(b) PhNH₂ —HNO₂, HCl, 0℃→ PhN₂⁺Cl⁻ —H₃O⁺, Δ, −N₂→ PhOH

(c) C₆H₆ —HNO₃/H₂SO₄→ PhNO₂ —Br₂/FeBr₃→ m-BrC₆H₄NO₂ —Fe, HCl, Δ→ m-BrC₆H₄NH₃⁺Cl⁻ —⁻OH→ m-BrC₆H₄NH₂ —HNO₂, HBr, 0℃→ m-BrC₆H₄N₂⁺Br⁻ —CuBr, HBr, Δ, −N₂→ 1,3-Br₂C₆H₄

(d) PhNO₂ —Fe, HCl, Δ→ PhNH₃⁺Cl⁻ —⁻OH→ PhNH₂ —HNO₂, HCl, 0℃→ PhN₂⁺Cl⁻ —CuCN, KCN, Δ, −N₂→ PhCN —H₃O⁺, Δ→ PhCO₂H

(e) CH₃CH₂CHO —⁻CN/HCN→ CH₃CH₂CH(OH)CN —H₃O⁺, Δ→ CH₃CH₂CH(OH)CO₂H

(f) CH₃CH₂CH₂CHO —⁻CN/HCN→ CH₃CH₂CH₂CH(OH)CN —LiAlH₄→ CH₃CH₂CH₂CH(OH)CH₂NH₂

(g) CH₃CH₂NH₂ + CH₃CH₂CH₂COCl → CH₃CH₂CH₂C(O)NHCH₂CH₃

(h) C₆H₆ —HNO₃/H₂SO₄→ PhNO₂ —Fe, HCl, Δ→ PhNH₃⁺Cl⁻ —⁻OH→ PhNH₂ —HNO₂, HCl, 0℃→ PhN₂⁺Cl⁻ —PhN(CH₃)₂→ Ph−N=N−C₆H₄−N(CH₃)₂

■14章　各種化合物の合成反応

14-1

(a) HC≡CH —NaNH₂→ HC≡C⁻ —CH₃I→ CH₃C≡CH —H₂/Pd→ CH₃CH=CH₂

(b) CH₃C≡CH —H₃O⁺/Hg(OAc)₂→ CH₂=C(OH)CH₃ ⇌ CH₃COCH₃

(c) C₆H₆ —CH₃Cl/AlCl₃→ PhCH₃ —Br₂/hν→ PhCH₂Br —⁻OH→ PhCH₂OH

章末問題解答 167

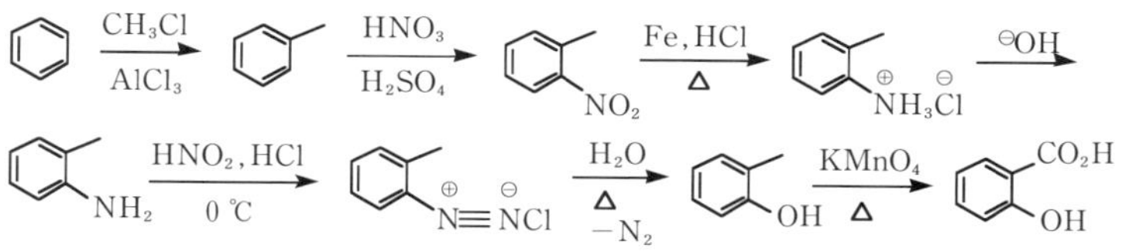

(d) through (l): reaction schemes

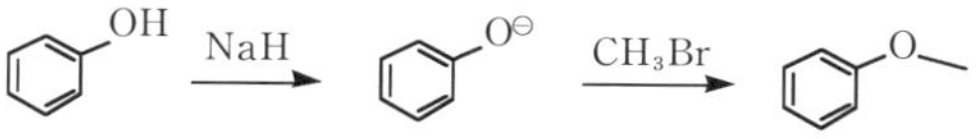

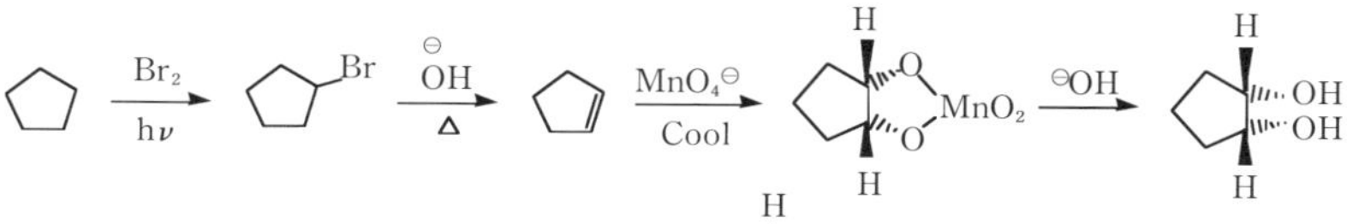

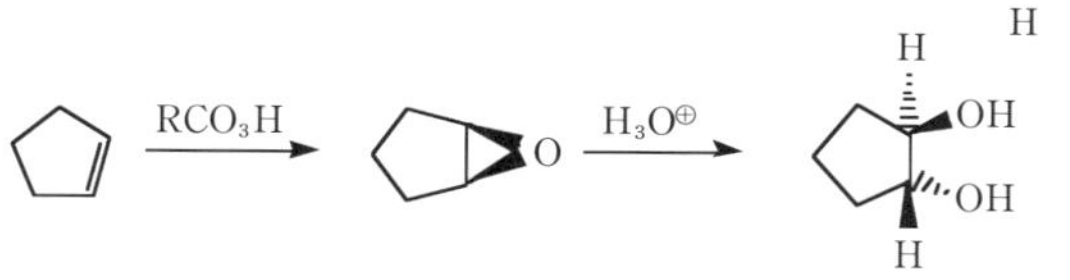

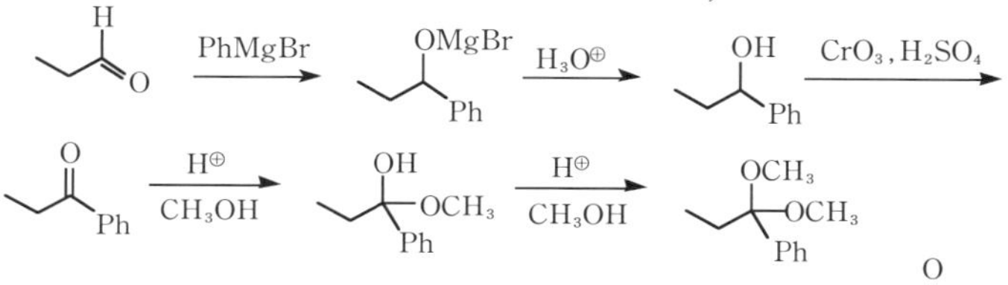

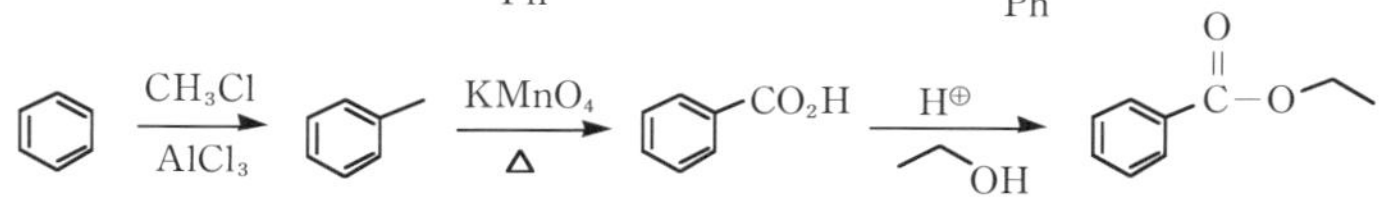

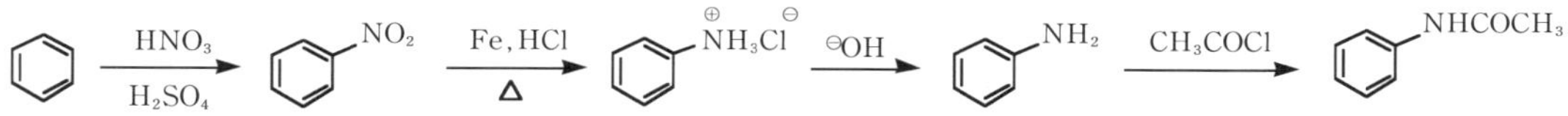

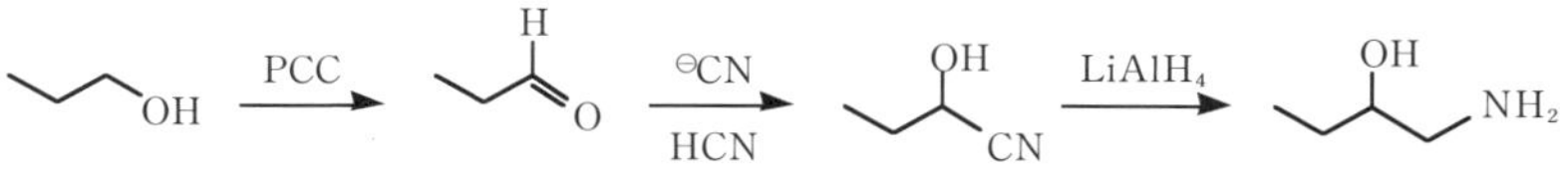

14-2

交差縮合

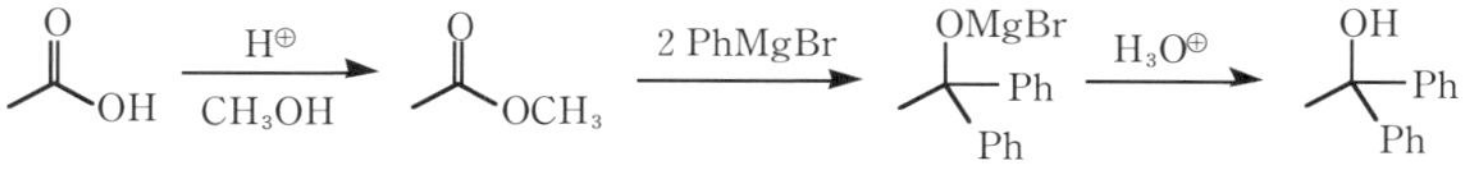

$$CH_3CHO + CH_2O \xrightarrow{{}^{\ominus}OH} \underset{CH_2CH_2CHO}{O^{\ominus}} \xrightarrow{H_3O^{\oplus}} \underset{CH_2CH_2CHO}{OH} \xrightarrow[\Delta]{H_3O^{\oplus}} CH_2=CHCHO$$

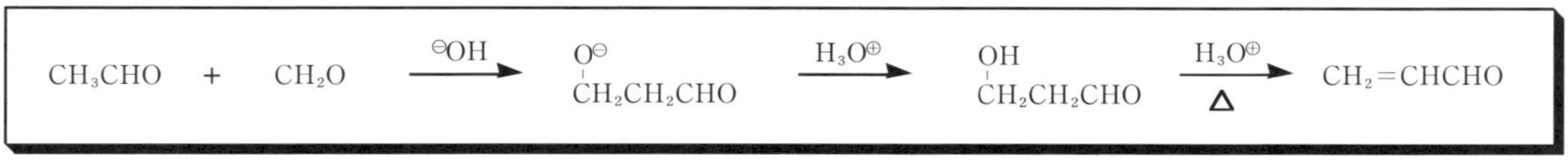

反応機構

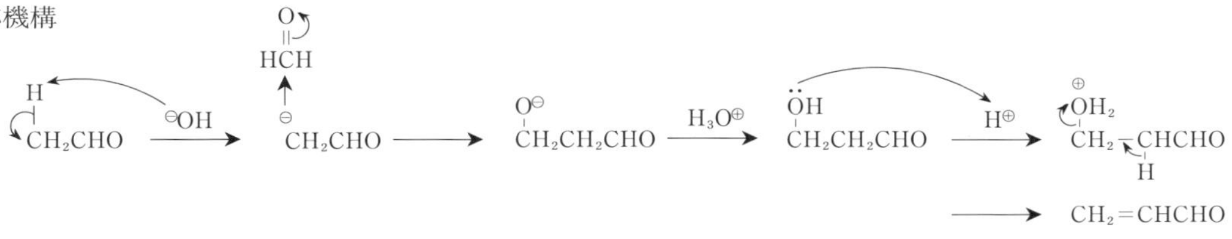

自己縮合

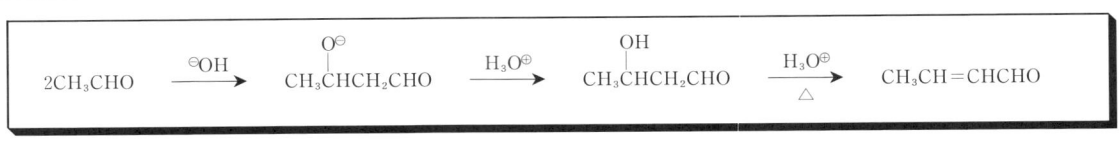

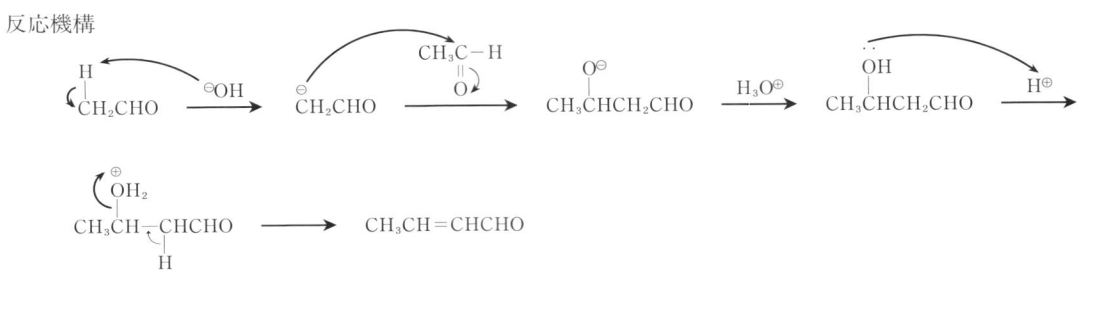

$$2CH_3CHO \xrightarrow{^{\ominus}OH} \underset{\underset{CH_3CHCH_2CHO}{|}}{O^{\ominus}} \xrightarrow{H_3O^{\oplus}} \underset{\underset{CH_3CHCH_2CHO}{|}}{OH} \xrightarrow[\triangle]{H_3O^{\oplus}} CH_3CH=CHCHO$$

反応機構

$$\overset{H}{\underset{CH_2CHO}{|}} \xrightarrow{^{\ominus}OH} {}^{\ominus}CH_2CHO \xrightarrow{CH_3\overset{\|}{\underset{O}{C}}-H} \underset{\underset{CH_3CHCH_2CHO}{|}}{O^{\ominus}} \xrightarrow{H_3O^{\oplus}} \underset{\underset{CH_3CHCH_2CHO}{|}}{\overset{..}{O}H} \xrightarrow{H^{\oplus}}$$

$$\underset{\underset{H}{|}}{\overset{\overset{\oplus}{OH_2}}{\underset{CH_3-CH-CHCHO}{|}}} \longrightarrow CH_3CH=CHCHO$$

索　引

あ　行

アキシアル位　19
アセタール　107
アセチリドアニオン　57
アセチレン　37
アセトアルデヒド　37
アセトン　37
アゾ化合物　129
アニオン　50
アニリン　30
アミド　42,116,121
アミン　42,127,137
アリルアルコール　37
アリルカチオン　58
アリル基　58
アルカン　12,37
アルキル基　26
アルキン　38,55,134
アルケン　38,133
アルコール　38,94
アルコール化合物　135
アルコキシカルボニル基　124
アルコキシドイオン　94
アルデヒド　39,104,136
アルドール反応　110
アレニウスの酸・塩基の定義　7
安息香酸　30
アントラセン　31
イス形　19
異性体　11,74
イソブチル　27
イソプレン　37
イソプロピル　27
イミン　107
イリド　109
ウイリアムソンのエーテル合成　94
右旋性　76
エーテル　39,100,136
エクアトリアル位　19
エステル　40,116,121
エチレン　37
エチレングリコール　37
エナンチオマー過剰率　76
エノラートイオン　109
エノン　111
エポキシド　101

塩化アシル　121
塩化アセチル　37
塩　基　7
オキシム　107
オキシラン　37
オキセタン　37
オクテット則　3
オゾン分解　55
オルト　30
オルトーパラ配向基　66

E1反応　89
E2反応　89
E,Z表示　29
IUPAC（国際純正応用化学連合）　25
IUPAC命名法　25
S_N1反応　84
S_N2反応　84
SNi 反応　96
Walden 反転　87
Wittig 反応　109

か　行

重なり形　17
カチオン　50
活性化エネルギー　14
価電子　3
カルボカチオン　49,52
カルボキシル基　114
カルボニル基　32,104
カルボン酸　40,114,137
カルボン酸誘導体　120,137
環化付加反応　58
還元反応　53,111
官能基　23
慣用名　25,36
ギ酸　37
o-キシレン　37
d 軌道　2
p 軌道　3
s 軌道　3
求核アシル置換反応　115,120
求核試薬　47,83
求核性　86
求核置換反応　83
求核付加反応　105

求電子試薬　47
求電子置換反応　63
求電子付加反応　47
共役付加反応　58
鏡像異性体　74,75
競争反応　90
共鳴効果　51
共役二重結合　57
共有結合　4
極性分子　5,13
キラル炭素　75
均一開裂　6
近平面アンチ　89
グリセリン　37
グリニャール試薬　91,106
m-クレゾール　37
クロロホルム　37
形式電荷　5
β-ケトエステル　123
ケトン　40,104,136
光学活性化合物　76
構造異性体　74
国際純正応用化学連合　25
骨格構造式　11
互変異性　56
孤立電子対（ローンペア）　4
混成軌道　16
　　sp 混成軌道　46
　　sp^2 混成軌道　44,104
　　sp^3 混成軌道　16

Cahn-Ingold-Prelog 法　29,76
Cannizzaro 反応　111
Claisen 縮合　123
Gabriel 合成　130

さ　行

最外殻電子　2
ザイフェフ則　88
酢　酸　37
左旋性　76
酸　7
酸化的付加反応　91
酸化反応　14,53,100,111
酸無水物　121
ジアステレオ異性体　74,75,78

ジアゾニウム塩　129
ジアゾニウムカップリング　129
シクロアルカン　12
シス体　18
シス-トランス異性　18
シス-トランス異性体（幾何学異性体）　74
シス付加　49
N,N-ジメチルホルムアミド　37
縮合構造式　11
水酸基　31
水素結合　5,38
水素添加反応　54
スチレン　30
正四面体炭素　16
遷移元素　2
線結合式　4
旋光度　76
相間移動触媒　128
双極子モーメント　5

Jones 酸化　97,136
Saytzeff 則　97
Swern 酸化　97,136
σ 結合　16,44

た　行

第一級アルコール　97
第三級アルコール　97
第二級アルコール　97
脱炭酸　124
脱離基　84
脱離能　86
脱離反応　88
チオフェン　31
中間体　14
超共役　52
テトラヒドロフラン　37
典型元素　2
電子陰性度　5
電子殻　2
電子求引性基　66
電子供与効果　105
電子供与性　52
電子供与性基　66
トランス体　18
トランス付加　49
トリエン　30

Dieckmann 結合　123

な　行

ナフタン　31
ニューマン投影式　17
ねじれ形　17
燃焼反応　14

は　行

配座異性体　17,74
パウリの排他原理　3
パラ　30
ハロゲン化試薬　96
反応機構　15
反応座標　14
1,3-反発　5
非共有電子対　4
非局在化　50
非極性分子　13
ヒドラゾン　107
ヒドリド　106,111
ビニル基　58
ピリジン　31
ピロール　31
フィッシャー投影式　77
フェニル　30
フェノール　30,41,95
不均一開裂　6
不斉炭素　75
s-ブチル　26
t-ブチル　27
不飽和炭化水素　12
フラン　31
ブレンステッド・ローリーの酸・塩基の定義　7
プロピレン　37
分極　5
フントの規則　3
ヘテロリシス　6
ベンジル位炭素　69
ベンジル基　69
ベンズアルデヒド　30
ベンゼン　30
ベンゾニトリル　30
芳香族化合物　62,134
芳香族炭化水素　41
飽和炭化水素　12
ボート形　19
保護　108
保護基　108
ホモリシス　6

ホルムアルデヒド　37

π 結合　44,47
Hofmann 脱離　128
Hückel 則　63

ま　行

マルコウニコフ　56
命名，アミドの　34
――，アミンの　35
――，アルカンの　26
――，アルキンの　28
――，アルコールの　31
――，エステルの　34
――，エーテルの　35
――，カルボン酸の　33
――，ケトン・アルデヒド　32
――，酸ハロゲン化物の　35
――，酸無水物の　34
――，芳香族化合物の　30
メソ化合物　78
メタ　30
メタクリル酸メチル　37
メタ配向基　66

Michael 付加反応　58

や　行

有機金属化合物　91
誘起効果　50
有機ハロゲン化有機化合物　134

ら　行

ラジカル　15,53
ラセミ化　87
ラセミ混合物　76
律速段階　69,84
立体異性体　74
立体配座　17
立体配置　76
ルイス構造　3
ルシャトリエの原理　108,121

英和索引

A

acetal　アセタール　107
acetylide anion　アセチリドアニオン　57
acid anhydride　酸無水物　121
acid　酸　7
activation energy　活性化エネルギー　14
acyl chloride　塩化アシル　121
aldol reaction　アルドール反応　110
alkane　アルカン　12
alkoxide ion　アルコキシドイオン　94
alkyl group　アルキル基　26
allyl cation　アリルカチオン　58
amide　アミド　121
anti periplaner　近平面アンチ　89
aromatic compounsd　芳香族化合物　62
asymmetric carbon　不斉炭素　75
axial position　アキシアル位　19
azocompounds　アゾ化合物　129

B

base　塩基　7
benzyl group　ベンジル基　69
benzylic carbon　ベンジル位炭素　69
boat form　ボート形　19

C

Cannizzaro veaction　Cannizzaro 反応　111
carbocation　カルボカチオン　49
carbonyl group　カルボニル基　104
carboxyl group　カルボキシル基　114
carboxylic acid　カルボン酸　114
chair form　イス形　19
chiral carbon　キラル炭素　75
cis isomer　シス体　18
cis-trans isomer　シス-トランス異性　18
Claisen condensation　Claisen 縮合　123
combustion reaction　燃焼反応　14
competing reaction　競争反応　90
configuration　立体配置　76
conformation　立体配座　17

conformer　配座異性体　17
conjugate addition reaction　共役付加反応　58
conjugated double bond　共役二重結合　57
covalent bond　共有結合　4
cycloaddition reaction　環化付加反応　58
cycloalkane　シクロアルカン　12

D

d 軌道　2
decarboxylation　脱炭酸　124
delocalization　非局在化　50
dextrorotatory　右旋性　76
diastereomer　ジアステレオ異性体　75, 78
Dieckmann 結合　123
dipole moment　双極子モーメント　5

E

electron shell　電子殻　2
electron-donating group　電子供与性基　66
electron-donating　電子供与性　52
electro-negativity　電子陰性度　5
electron-withdrawing group　電子求引性基　66
electrophile　求電子試薬　47
electrophilic addition reaction　求電子付加反応　47
electrophilic substitution reaction　求電子置換反応　63
elimination reaction　脱離反応　88
enantiomer　鏡像異性体　75
enolate ion　エノラートイオン　109
enone　エノン　111
equatorial position　エクアトリアル位　19
ester　エステル　121

F

formal charge　形式電荷　5
functional group　官能基　23

G

Gabriel 合成　130

Grignard reagent　グリニャール試薬　91

H

heterolysis　ヘテロリシス　6
heterolytic cleavage　不均一開裂　6
homolysis　ホモリシス　6
homolytic cleavage　均一開裂　6
hydrazone　ヒドラゾン　107
hydride　ヒドリド　111
hydrogen bond　水素結合　5
hydrogenation reaction　水素添加反応　54

I

imine　イミン　107
inductive effect　誘起効果　50
International Union of Pure and Applied Chemistry　IUPAC（国際純正応用化学連合）　25
isobutyl　イソブチル　27
isomer　異性体　11
isopropyl　イソプロピル　27
IUPAC system of nomenclature　IUPAC 命名法　25

J

Jones Oxidation　Jones 酸化　97, 136

L

leaving ability　脱離能　86
leaving group　脱離基　84
levorotatory　左旋性　76
lonepair electron　孤立電子対（ローンペア）　4

M

meso compound　メソ化合物　78
meta director　メタ配向基　66

N

Newman projection　ニューマン投影式　17
nonbonding electoron　非共有電子対　4
nucleophile　求核試薬　47
nucleophile　求核試薬　83

nucleophilic acyl substitution reaction　求核アシル置換反応　115
nucleophilic addition reaction　求核付加反応　105
nucleophilic substitution reaction：S_N reaction　求核置換反応　83
nucleophilicity　求核性　86

O

optical rotation　旋光度　76
optically active compound　光学活性化合物　76
organometallic compound　有機金属化合物　91
ortho-para director　オルト－パラ配向基　66
oxidation reaction　酸化反応　14
oxidation reaction　酸化反応　53
oxidative addition reaction　酸化的付加反応　91
oxime　オキシム　107
ozonolysis　オゾン分解　55

P

p 軌道　3
phase transfer catalyst　相間移動触媒　128
phenyl　フェニル　30
pK_a　95, 110, 114, 127
polar molecule　極性分子　5
polarization　分極　5
protecting group　保護基　108
protection　保護　108

R

racemic mixture　ラセミ混合物　76
rate-determining step　律速段階　69
reaction mechanism　反応機構　15
reduction reaction　還元反応　53
resonance effect　共鳴効果　51

S

saturated hydrocarbon　飽和炭化水素　12
sigma bond　σ 結合　16
solvent　溶媒　15
sp^3 hybrid orbital　sp^3 混成軌道　16
stereoisomer　立体異性体　74
structural isomer　構造異性体　74
Swern Oxidation　Swern 酸化　97, 136
synthetic intermediate　中間体　14

T

tautomerism　互変異性　56
tetrahedral carbon　正四面体炭素　16
trans isomer　トランス体　18
transition element　遷移元素　2
trivial name　慣用名　25
typical element　典型元素　2

U

unsaturated hydrocarbon　不飽和炭化水素　12

V

valence electron　価電子　3

W

Walden inversion　Walden 反転　87
Williamson ether synthesis　ウイリアムソンのエーテル合成　94

著者略歴

畔田博文(くろだ ひろふみ)

1996年　東京工業大学大学院総合理工学
　　　　研究科博士課程修了
現　在　石川工業高等専門学校一般教育科
　　　　（化学）教授
　　　　博士（工学）
専　門　有機・高分子合成

樋口弘行(ひぐちひろゆき)

1983年　大阪大学大学院理学研究科博士
　　　　後期課程修了
現　在　富山大学名誉教授
　　　　奈良先端科学技術大学院大学非常
　　　　勤講師
　　　　大阪教育大学非常勤講師
　　　　理学博士
専　門　構造有機化学，物理有機化学，合
　　　　成有機化学

川淵浩之(かわふちひろゆき)

1984年　岡山大学大学院工学研究科修士
　　　　課程工業化学専攻修了
現　在　富山高等専門学校物質化学工学科
　　　　教授
　　　　博士（工学）
専　門　有機合成化学，有機電解合成

高木幸治(たかぎこうじ)

1998年　東京工業大学大学院総合理工学
　　　　研究科博士課程修了
現　在　名古屋工業大学工学部生命・応用
　　　　化学科准教授
　　　　博士（工学）
専　門　高分子合成，機能性高分子

これでわかる基礎有機化学(きそゆうきかがく)

2006年 4月20日　初版第 1 刷発行
2024年 3月20日　初版第14刷発行

Ⓒ　著　者　畔　田　博　文
　　　　　　樋　口　弘　行
　　　　　　川　淵　浩　之
　　　　　　高　木　幸　治
　　発行者　秀　島　　　功
　　印刷者　入　原　豊　治

発行所　**三共出版株式会社**　東京都千代田区神田神保町 3 の 2
　　　　　　　　　　　　　　振替00110-9-1065
　　　　　　郵便番号101-0051　電話03-3264-5711　FAX 03-3265-5149
　　　　　　　　　　　　　　　https://www.sankyoshuppan.co.jp/

一般社団法人 **日本書籍出版協会**・一般社団法人 **自然科学書協会・工学書協会**　会員

Printed in Japan　　　　　　　　　印刷/製本　太平印刷社

JCOPY 〈(一社)出版者著作権管理機構　委託出版物〉
本書の無断複写は著作権法上での例外を除き禁じられています．複写される
場合は，そのつど事前に，(一社)出版者著作権管理機構（電話 03-5244-5088，
FAX 03-5244-5089，e-mail : info@jcopy.or.jp）の許諾を得てください．

ISBN4-7827-0518-2

これでわかる基礎有機化学演習 ISBN978-4-7827-0666-4

石川工業高等専門学校教授　畔田博文　　茨城工業高等専門学校校長　鈴木秋弘
名古屋工業大学准教授　高木幸治　共著　　富山高等専門学校教授　川淵浩之

B5・並製・188頁／定価 2,420円(本体 2,200 円)

　有機化学の基本問題を中心に，各問題ごとに解答・解説を直後に示し，1つずつ掘り下げて理解とその定着をはかるよう考慮した演習書。

目 次

1　有機化合物と化学結合
2　有機化合物の表現法とアルカン
3　化合物の分類と IUPAC 命名法
4　アルケンとアルキンの化学
5　芳香族化合物の化学
6　立体化学
7　有機ハロゲン化合物の化学
8　アルコールの化学
9　エーテルの化学
10　アルデヒドとケトンの化学
11　カルボン酸の化学
12　カルボン酸誘導体の化学
13　アミンの化学
14　各種化合物の合成反応

三共出版

元素の周期表

凡例:
- 原子番号 → ₁H ← 元素記号
- 元素名 → 水素
- 原子量 → 1.008

- 典型非金属元素
- 典型金属元素
- 遷移金属元素

族	1	2	3	4	5	6	7	8	9
1	₁H 水素 1.008								
2	₃Li リチウム 6.941	₄Be ベリリウム 9.012							
3	₁₁Na ナトリウム 22.99	₁₂Mg マグネシウム 24.31							
4	₁₉K カリウム 39.10	₂₀Ca カルシウム 40.08	₂₁Sc スカンジウム 44.96	₂₂Ti チタン 47.87	₂₃V バナジウム 50.94	₂₄Cr クロム 52.00	₂₅Mn マンガン 54.94	₂₆Fe 鉄 55.85	₂₇Co コバルト 58.93
5	₃₇Rb ルビジウム 85.47	₃₈Sr ストロンチウム 87.62	₃₉Y イットリウム 88.91	₄₀Zr ジルコニウム 91.22	₄₁Nb ニオブ 92.91	₄₂Mo モリブデン 95.95	₄₃Tc* テクネチウム (99)	₄₄Ru ルテニウム 101.1	₄₅Rh ロジウム 102.9
6	₅₅Cs セシウム 132.9	₅₆Ba バリウム 137.3	57～71 ランタノイド	₇₂Hf ハフニウム 178.5	₇₃Ta タンタル 180.9	₇₄W タングステン 183.8	₇₅Re レニウム 186.2	₇₆Os オスミウム 190.2	₇₇Ir イリジウム 192.2
7	₈₇Fr* フランシウム (223)	₈₈Ra* ラジウム (226)	89～103 アクチノイド	₁₀₄Rf* ラザホージウム (267)	₁₀₅Db* ドブニウム (268)	₁₀₆Sg* シーボーギウム (271)	₁₀₇Bh* ボーリウム (272)	₁₀₈Hs* ハッシウム (277)	₁₀₉Mt* マイトネリウム (276)

57～71 ランタノイド	₅₇La ランタン 138.9	₅₈Ce セリウム 140.1	₅₉Pr プラセオジム 140.9	₆₀Nd ネオジム 144.2	₆₁Pm* プロメチウム (145)	₆₂Sm サマリウム 150.4	₆₃Eu ユウロピウム 152.0
89～103 アクチノイド	₈₉Ac* アクチニウム (227)	₉₀Th* トリウム 232.0	₉₁Pa* プロトアクチニウム 231.0	₉₂U* ウラン 238.0	₉₃Np* ネプツニウム (237)	₉₄Pu* プルトニウム (239)	₉₅Am アメリシウム (243)

本表の4桁の原子量はIUPACで承認された値である。なお，元素の原子量が確定できないもの
＊安定同位体が存在しない元素。